細胞大電廠

探索生命能量的來源

粒線體的奧祕

〔王凱鏘 醫師〕
〔鄭漢中 博士〕——

合著

Foreword

中西合璧，健康戰百病

林昭庚

　　粒線體，以講求五臟六腑、穴道經絡、氣血暢通的中醫來說，是較為陌生的名詞。中醫常說：「氣」足而精神飽滿，「氣」不足則萎靡不振，對應到西醫，反而飄渺了起來——說它是吸入的氧氣，非那麼單純；說它是體內的血液，也非如此實質。「氣」真要說起來，是種難以驗證的概念，現今透過粒線體的發掘與研究，卻開始清晰了起來。

　　粒線體掌管著體內能量，進而影響人體的活力程度，因此粒線體的強盛與虛弱，正與我們的精神狀態息息相關。現代人若不善於調養身體，再加上壓力過大與生活作息不正常，便會影響粒線體的活力，長期下來，致使人經常感到疲倦，更易產生諸多文明疾病。這，恰恰與中醫學「氣」的學問有所契合。

　　中醫、西醫，看似相差甚遠，卻意外的出現相近之處。

　　中醫所使用的中藥材中，包含許多能夠補氣的種類，善以用之，能夠調養生息，對健康有所助益。預防勝於治療，擁有一個

健康的體魄，將使人百病不侵，病入則將之擊退。惡性腫瘤（癌症）高居現代人慢性病之首，儘管中醫普遍被認為是預防、輔助性的醫學，仍能為癌症治療上帶來助益。中西合璧，其利斷金。

　　本書以〈粒線體的奇蹟〉為序，讓人得知粒線體的驚人療效，並透過內文三個篇章，介紹粒線體的構造與生理機制，老化、疾病、癌症、藥物和粒線體的關聯性，最後透過生活化的舉例，提供如何從運動、飲食、中藥等方面修護粒線體。對大眾來說，是部不可多得、全方位的科普健康著作。

　　王凱鏘醫師是我多年的好友，非常優秀的臨床醫師，同時也是一個中西醫結合的實踐者，在臨床工作之餘還致力於探索研究健康醫學的最根本元素與世界最先進的題材，並將之編輯成冊以享讀者和普羅大眾，真是難能可佩，余樂為之序。

＊林昭庚教授，現任中國醫藥大學講座教授，中醫師公會全國聯
　合會榮譽理事長，國際東洋醫學會會長

與我們息息相關的胞器

陳衛華

「生、老、病、死」是每個生命體在宇宙循環中必經的過程。透過這本書讓我們了解到,「粒線體」竟然在這個過程中扮演如此重要的角色。

從巨觀的角度來說,身體是由多個「細胞」組織成「組織」,然後由多種「組織」結合成「器官」,再由多個「器官」分工合作形成整套的「系統」,最後集合成「個體」。

從微觀的角度切入,細胞如果要活著就需要「能量工廠 —— 粒線體」持續源源不絕產生能量,以提供細胞使用。沒有粒線體的辛勤的工作,細胞與細胞間就無法協同,讓「身體」活著。換句話説,掌握「粒線體」就是了解「生存」最重要的關鍵。

那「能量工廠 —— 粒線體」會不會罷工呢?這答案是肯定的,工廠會因為機器耗損,需要進行維修。然而,粒線體也會因為損傷,無法修復的時候而造成細胞老化,嚴重的時候就會產生疾病。

對疾病而言，癌細胞的產生，部分原因也是因為粒線體生病了。書中也描述到，生病的粒線體無法執行癌細胞的凋亡作用，而讓癌細胞存活下來。

許多科學研究也證明了，癌症也可說是一種慢性代謝疾病，癌細胞改變了取得能量的路徑，提高了有氧的糖解作用（Aerobic glycolysis），反而助長癌細胞迅速生長。

當生病的粒線體無法讓癌細胞凋亡，同時癌細胞又改變的能量代謝路徑，就像一班失速的火車一樣，讓癌細胞不正常的快速增生。

為了避免粒線體生病，可以透過訓練的方式提高它的功能嗎？本書也提到了，透過日常的規律運動，可以有效率提高粒線體的生合成。特別是提高核心肌肉的運動，更能有效率強化粒線體。但是，一旦沒有持續運動，又沒有改變任何生活型態的狀況下，粒線體又會回到原來的樣子。

近年來，利用「食療」來調整身體與預防疾病越來越熱門。本人在二十多年來抗癌的生涯中，透過飲食調整及正面的態度與癌共存。其實許多食材與中藥也都具有粒線體保健的效果，如具有抗氧化物質的蔬菜與水果、及具有提升粒線體活性的油甘等。

「粒線體」這個一直跟我們息息相關的胞器，我們可能一直都忽略它，甚至於在讀這本書前都不知道它的存在。本書以深入淺出的方式，讓大眾對「粒線體」綜觀的了解，是一本很好的工具書，提供給大家許多健康資訊，也可以讓我們更了解自己。

＊陳衛華（奇蹟醫生），現任宏信診所院長，前台中榮總家庭醫學科醫師，前台中803教學醫院急救加護科主任，前台中803教學醫院心臟科主任醫師。中華民國內科專科醫師，中華民國家庭醫學科專科醫師，中華民國醫用超音波會員醫師，中華民國高血脂醫學會會員醫師

讓你的粒線體強大起來

趙昭明

　　談到老化，細胞內的粒線體當然佔有決定性的角色。粒線體的變調、功能的改變甚至喪失都會造成身體的變化，因為細胞中的粒線體──大家都知道是人體的發電機，就如同心臟，一旦這個心臟失去了功能人就即將死去。而粒線體功能退化造成身體機能的改變是全方位的，全身每一個部位細胞的粒線體失去了它的功能，就會產生許許多多不同的影響及改變，所以如何使粒線體維持一個健康正常的運作是非常重要的。

　　防止粒線體的老化、凋零甚至死亡，並維持它的青春活力、充滿源源不斷的電力是非常重要的。因此如何使我們的粒線體能夠獲得額外的能量補充，使體內器官的運作一直維持健康正常軌道，這是現代人對身體期待的一種概念。

　　這本書深入淺出的說明粒線體的一些簡單概念、重要性及粒線體對身體所產生的問題，是一本值得大家去讀的書籍。也可以了解粒線體一旦有問題時對身體所產生的症狀，它是全身性的，

所以能夠了解粒線體對身體的重要並加強保養，可以使身體維持一個穩定狀態，這樣子就能減少老化也可以減少疾病的產生。

本書中也談到一些對身體有很好幫助的中藥食材，醫藥同源，吃對食物，規律運動，適當的休息及睡眠，都可以使我們粒線體達到一個健康的狀態及強化的功能。當然粒線體的一些功能及強化它的作用，還需配合身體的正常運作及保養，由外到內甚至由內到外慢慢強壯起來，才可以使粒線體長期處於穩定而不受傷害的狀態。

讓你的粒線體功能強大健全起來，細胞就會開心，這樣子身體就會達到一個健康的狀態。如此身體的一些疾病、不好的問題都可以慢慢去改善，也才能使自己身、心、靈穩定。

粒線體對身體的好處，相關研究也越來越被大家所知道，身為皮膚科醫師也發現：細胞粒線體的健康對皮膚的保養及頭髮的掉落都有一定的治療效果，所以能夠適當的加強粒線體來作為身體的保養，一定可以達到很好的抗老化作用。

＊趙昭明，現任趙昭明皮膚科診所院長，中華民國美容教育學會理事長，Just Beauty美容教育雜誌社社長兼發行人，財團法人防癌教育基金會顧問。國防醫學院醫學系畢業，前任三軍總醫院皮膚科部主任，三軍總醫院醫學美容中心副主任

揭開粒線體的神祕面紗

王劵鏘

　　這世界看似平淡無奇，但只要努力深究就會發現處處皆神奇，比比皆奧祕！

　　究竟真理是什麼？在哪裡？在浩瀚的宇宙星辰中？在顯微細小的細胞內？真理已經不是三言兩語可以道盡，我們只能一步一步慢慢地去發掘、去驗證，慢慢堆疊然後再不斷的發出讚嘆！

　　光是一粒細胞我們就了解不完，還有裡面許多的胞器？尤其是細胞如何產生能量藉以支持所有細胞內的功能運作，歷經數十載，十幾位諾貝爾醫學獎得主的貢獻，這個細胞能量的神祕面紗終於可以被揭開，其中最關鍵的細胞內器官就是粒線體。

　　我們最終站在巨人的肩上看這個世界，了解粒線體扮演的角色，它的功能，還有存在的意義，還有粒線體與我們未來的關係，繼二十世紀基因醫學之後，粒線體醫學將再掀起另一波巨浪。

　　本書嘗試要來揭開粒線體扮演細胞大電廠的奧祕，經過幾年

的努力才發現這真是一個艱難的任務，因為幾十年下來其中所累積的專業知識已經是一般人無法理解的程度，我們著手編撰時遇到的一個重要工作就是「轉化」，如何將篇篇深奧的論文轉化成一般讀者可以了解的內容，如何將艱深的專業術語轉化成一般讀者可以讀得懂的語言，但最終，有些專業還是專業，只好給讀者用慧根慢慢消化了。

本書想要詳細說明什麼是粒線體、它如何產生能量、它和我們的生老病死有什麼關聯、我們可以採取哪些作法活用這些知識，讓我們擁有更好的生活，因此規劃成三個大篇章：Part 1主要是說明粒線體被發現的源起，它存在的意義及其產生能量的機轉與過程。Part 2則是說明粒線體和我們生老病死的關聯，分別從老化、疾病、癌症與感染四個角度，說明粒線體的關鍵角色。最終Part 3則著手於生活中的解決方案，分別從運動、飲食及中草藥的應用，提供許多經專家學者研究之後的具體方案與作法，使讀者能有效的改善粒線體的質與量。

如何閱讀本書？衷心建議讀者，慢慢地由Part 1讀到Part 3，這種閱讀方式當然會有些辛苦的感覺，但會比較扎實，為了顧及這種艱困感，我們對於各篇中重要的觀念，有做些特別處理來提升有效能閱讀，像是在篇幅中安排穿插了「諾貝爾醫學獎小故事」、「王醫師Q&A」還有「30秒讀懂粒線體」等閱讀小方塊，絕對讓讀者有甦醒回魂的效果，尤其是「30秒讀懂粒線體」更是重點中的重點。另外，如果這樣讀下來還是倍感艱辛，那麼就建議直接跳往附錄篇——「粒線體生活處方箋」，直接進入生活的運

用篇，這也不失為一個好辦法，終究本書最重要的目的是要我們能「愛你的粒線體多一點」。本書未能詳述的另有一些與時俱進的訊息，請大家掃瞄QRCode進一步了解，或者在FB上面有多一些的交流互動。

　　本書的出現可說是一個偶然也是必然。遇到台灣粒線體公司的鄭董事長與王博士時，我正巧著手再生醫學與粒線體醫學的研究，對於台灣有這麼優秀的世界級粒線體專業團隊心裡很是高興，我們想將粒線體的奧祕分享給所有的人，於是聯合秀威資訊宋董事長展開三方的合作，界定彼此的分工籌組編撰團隊，從擬定大綱，轉譯論文，撰文插畫，經過相當長的一段時間，克服多次的轉化困境，終於可以將本書貢獻給各位讀者。

　　感謝台灣粒線體公司的鄭漢中博士、王以莊博士指導，許智凱博士蒐集轉譯論文，王明仁中醫師協助撰寫粒線體與抗癌中藥篇，感謝林昕平、姚芳慈協助編撰，感謝林昭庚教授、陳衛華醫師、趙昭明院長大力推薦，有無盡的感謝！

　　最後祝福各位讀者開卷有益，珍愛你的粒線體，讓粒線體成為你生命中的祝福！

自序
Preface

粒線體，細胞能量的泉源

鄭漢中

「粒線體」不僅是一個名詞，它的重要超乎你的想像。或許你不是科學家，但是「基因」與「DNA」這些名詞，從長者甚至到小朋友，可能都不覺得陌生。那「粒線體」你對它究竟了解多少？

可能你會疑問，難道「粒線體」不重要嗎，不然大家怎麼都不知道呢？正是因為「粒線體」太獨特太重要，又鑒於坊間書籍描述「粒線體」的難度甚高，大眾又無法了解，所以本人與王醫師及秀威資訊合作對「粒線體」進行科普教育，又期待這本書能夠老少咸宜，因此這本書就是這樣誕生。

「粒線體」一詞並非橫空出世，要認識「粒線體」就要從他的身世開始知道。從它的出現到與細胞的相互依賴，透過本書可以好好了解。

「粒線體」迷人之處在於它是細胞能量的泉源，生命的調控者，它的角色既是優等生，但也可能變成恐怖份子。當然，透過

不同角度認識「粒線體」，可知其在預防、保健到醫療的重要地位。

　　科學的軌跡脈絡可循，在漫長的寫作過程中，特別感謝團隊成員凃啟堂博士、許智凱博士與曾惠卿博士，透過彼此的腦力激盪、相互鼓舞，讓本書在寫作的過程中愈發順利，至書本寫作的完成。

　　當你閱讀至此，我甚至迫不及待，向你／妳展示「粒線體」這個你我生命中重要的角色，期待這本書可以帶給你更健康的身體、更優質的人生。

序言
Preface

粒線體的奇蹟

粒線體（mitochondrion）位於細胞內，這個名詞聽起來深奧，其實它們不只驅動著生命，同時，也創造了奇蹟。

2017年三月，李太太決定接受粒線體置換術，好完成身為人母的喜悦。在這之前，為了求子，她曾經接受過31次不孕症的治療，嘗試過各種不同的方法，不肯放棄任何機會，均未能如願。最後，她決定再試一次這項新的技術。

這一次，她成功了。

在另外一個女人的協助之下，李太太抱著自己的孩子，開心不已。小女娃的降臨，可以說是透過眾人不懈的努力，還有第二位母親的協助而誕生。

這次的不孕治療，是從捐贈者的卵子當中，抽取出正常的粒線體，再置入李太太的卵子之內，而這顆擁有兩位女性粒線體的卵子，再跟李先生的精子結合成受精卵，長成胚胎。最後，一個可愛的小女娃誕生了。

這是粒線體所創造的奇蹟。

而粒線體所創造的奇蹟還不只如此，2018年七月，波士頓的

一名女嬰因為先天性心臟病，心臟停止了跳動，緊急被送入手術室。

手術室外，女嬰的母親不斷哭泣，父親也十分焦急，而手術室內，醫生抱著人溺己溺的精神，鍥而不捨的搶救。

最後，美國波士頓兒童醫院的醫生採用了粒線體移植療法，他們試著將女嬰自身的粒線體注入她的心臟，讓靜止的心跳再度活躍了起來！同時也挽回了女嬰的生命，以及一對父母的希望。

小女嬰的心跳，成為了這個世界上，最美妙的聲音之一。

生與死，竟與粒線體如此相關？

粒線體不只改變了生命，也改變了一個人的人生。

在地球生命的演化當中，粒線體居於陪伴的角色，一直到它被發現、被證實和細胞互利共生，人們才發現不管是疾病，或是不孕的醫學領域，就連我們的生活也與粒線體息息相關。

當生命在「成長」，相對的就是「老化」，為了延緩生命的盡頭，我們可以從粒線體下手。

然而，粒線體也不是義無反顧的支持我們，如果沒有適當的照顧，它也會罷工、凋零。雖然它能夠為我們帶來能量，但它也會死亡。

如果希望粒線體能夠長久陪伴、支持我們，在我們的體內有良好的運作，不妨一起來了解，並且懂得如何保養粒線體？就跟照顧車子一樣，你如果能夠了解如何減少煞車皮的磨損，或是什麼時候該換機油，車子也能夠開久一點。

在我們的體內，約有一萬兆個粒線體，任何一個粒線體的死

亡，或許微不足道，但粒線體的異動或突變，卻會影響細胞，是故，也無法忽視粒線體的存在及凋亡。

　　現在，透過不斷的推廣，粒線體這門科目如今已從學堂走出來，更貼近大眾的生活。它不再是學者所討論，或是課堂裡研究的冷僻知識，而是跟我們息息相關，是我們生活的一部分。

　　在我們呼吸、跳躍、活動，追求夢想的每一刻時，粒線體為我們注入了無限的可能。

　　當我們在延續壽命、對抗疾病的同時，粒線體也在體內支持著我們。

　　粒線體與我們的關係，比原先設想的更密切。

　　長久以來，粒線體參與我們的世界，時間比我們想像得更遠，而為了更瞭解它，我們可以從它的起源開始接觸。

目次

Contents

Part 1

Chapter 1　人體的發電廠——粒線體

Chapter 2　發電廠「電力」的來源

Part 2

Chapter 3　不可逆的成長——談老化

Chapter 4　罷工的發電廠？論疾病

Part 1

在人類還沒出現，甚至連侏羅紀世界都還沒有上演，猩球崛起還在一旁做準備，在生命起源這個舞台上，究竟誰才是第一個登場的角色，就成了眾人遑相競逐的目標。

　　不過，生命的舞台是怎麼誕生的？在《聖經》裡頭，提到上帝利用七天的時間創造了世界。但這七天的時間觀，跟科學的時間可不太一樣。

　　透過科學，我們可以明白地球剛剛誕生時，在外圍的水氣形成了海洋，而地球內部火山的活動旺盛，導致地表溫度相當高，這時候，氣體又形成捲雲，雲端的電離子又不斷起作用，產生雷電。而這些時間要以「億年」來計算。

　　在各種元素不斷交錯影響下，最早的生命氣勢滂沱，熱熱鬧鬧，宛如在協奏曲的歡迎下，隆重的出場了。

　　而這個出現得很早，也很簡單的生命，卻讓地球後來的生命型態變得複雜，這個生命就是「細菌」。

　　在所有的生命當中，細菌幾乎微不可見，就算你睜大了眼也瞧不見，最起碼要透過顯微鏡才看得清楚，但它在生命的起源，卻占了很重要的角色。

　　生命的起源，同時也蘊藏著死亡，在我們明白粒線體之後，才發現它其實是一體兩面。

　　也就是粒線體和生命、死亡是相關的，而且粒線體的祖先正是細菌。

　　粒線體為什麼和生死相關？而它既然是「細菌」，又為什麼會在細胞內，而且還生存了那麼久？

　　粒線體有個別稱叫「人體的發電廠」，可以提供人體能量，但它的奧妙並非「人體的發電廠」那麼簡單，在粒線體豐富而多采多姿的世界裡，也為生命帶來不同的變數。這不禁讓我們更加好奇起粒線體，除了提供能量，還藏著什麼不為人知的祕密？

　　現在，就讓我們一層一層，來揭開粒線體的面紗吧！

Chapter 1

人體的發電廠——粒線體

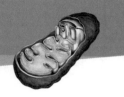

細胞的能量貨幣——流通體內的ATP

一般我們對粒線體的了解，就是它是「人體的發電廠」，也就是「能量」的產生來源跟粒線體息息相關。

人們為什麼需要能量？有了能量，我們才能夠走路、跑步、登山、跳舞，完成各種想做的事情，包括夢想。甚至你想吃一塊麵包，從拿起麵包到咀嚼這個簡單的動作，也是要有能量才能進行。

就像蒸氣火車需要燃燒煤炭才能前進，電燈也需要電能才能發光，所以「能量」能夠驅動生命的誕生到茁壯。

而這些「能量」就是腺苷三磷酸（adenosine triphosphate, ATP），我們在後面會不斷提到的ATP就是指它，它是一種能量傳遞的通用分子單位。

ATP能夠讓生物細胞產生活動，像是肌肉收縮、神經傳導，還有化學合成，在「遺傳」裡，會動用到遺傳基因，而ATP對於一些化學成分的合成，也有重要性，它更具有細胞內儲存和傳遞化學能的功能。

聽起來似乎有點複雜？我們不妨想像一下世界的經濟是怎麼活絡？當你準備到美國時，勢必得將手上的現金換成美元。當然信用卡也是一

種貨幣，但現金是一種較普遍使用的貨幣。

在換了美元之後，你在美國就可以暢行無阻，甚至到達其他適用於美元的國家，貨幣也能夠運用。

在這種「流通」之下，經濟開始活絡，對照到人體，能量貨幣也能讓身體運作，所以ATP對身體有很大的影響。人體內會有一連串的機制，透過這些能量貨幣，讓它發揮作用。

那麼，要怎麼樣才能得到ATP？獲得ATP有幾種方式，而能量的製造跟攝入營養，還有「呼吸」有很大的關係。

我們每吸一口氣，都含著氧氣，幾乎所有好氧的生物，都是利用氧來獲得能量，從動物到真菌，地球上很多生物都充滿了對氧的需求。

人類除了呼吸，還會吃東西，藉以獲得能量。不過，光憑一塊麵包，或是一碗白米飯，並沒有辦法讓身體直接使用，它必需要被消化、分解之後，才能成為人體所能吸收的動能。

這些碳水化合物，在進到體內之後，至少還要轉換成葡萄糖。但是，葡萄糖還不算是能量，你如果將它直接塞給細胞，細胞會消化不良的。葡萄糖必須再經過一連串繁複的生理機制轉化成ATP，才能夠被身體所接受。

而這一連串的生理機制，包括ATP的誕生之處，就是粒線體。

ATP一旦被合成之後，既不能儲存，也會很快的被消化，因為無法儲存，所以會被重複再利用至少1000次以上，而人在一天當中分解掉的ATP，跟他的體重差不多。

人體裡有上兆個粒線體，也就是有上兆個製造能量的發電廠。人們之所以可以從事活動，生命能夠成長，跟這些「發電廠」有很深的關係。

腺苷三磷酸（ATP）
—— 弗里茨·阿爾貝特·李普曼

出生於猶太家庭的弗里茨·阿爾貝特·李普曼（*Fritz Albert Lipmann*），在奧托·邁爾霍夫的實驗室工作時，就注意到磷酸鍵與能量轉換的關係[1]，經過研究，他提出了腺苷三磷酸，也就是我們不斷提到的ATP，作為生命體能量載體的假說，而這項假設，現在已經被完整的確認。

除此，李普曼還發現磷酸化合物，也存在於呼吸反應，他曾經利用雞肝的浸出物，對乙醯基化作用進行研究，找出了我們現在所知道的「輔酶A」。輔酶可協助酵素進行反應。

酶促反應的發現
—— 柯里夫婦

卡爾·斐迪南·柯里（*Carl Ferdinand Cori*）、格蒂·柯里（*Gerty Theresa Cori*）不僅是夫妻，在實驗研究上也是好幫手。

柯里夫妻都出生於布拉格，後來一起在日耳曼大學醫學院讀書，彼此都有好感，畢業後就結為夫妻，一起進行研究。

在進行研究的時候，通常是柯里先生負責提出企劃，而柯里太太做實驗，在他們的合作之下，發現了糖代謝的「磷酸化酶」，此磷酸化酶能夠分解或是合成多醣，他們也探索肝醣與ATP的代謝（ATP→ADP），以及激素之間的關係。酶促反應的發現，讓他們在1947年共同獲得諾貝爾醫學獎。

細胞大電廠 粒線體的奧祕

---

1 ATP 的分子結構中，含有兩個高能磷酸鍵，當 ATP 打斷其中一個磷酸鍵後，會形成 ADP（腺苷二磷酸），這個過程會釋放出能量。

微乎其微的粒線體——外形、大小與結構

細胞已經夠小了，而位於細胞內的粒線體，平均數量也有三百到四百個，它們的單位也只能以微米（10^{-6}m，μm）來計算。

微米是計算的尺寸，至於微米有多小？通常一根頭髮的直徑平均為70微米，就不難想像粒線體到底有多小了。而一般粒線體的直徑通常落在0.5～1.0微米，長為1.5～3.0微米。

而粒線體的外形，有的長得像圓球，或是短短的棒子，形狀不一，會因為生物的種類，還有不同的生理狀態，形狀也是會有所改變。如果看到絲狀或是馬鈴薯形狀的粒線體時，也不用太過訝異。

而粒線體的發現，是由瑞士的生理學家阿爾伯特·馮·科立克（Rudolf Albert von Koelliker, 1817～1905）所發現的，當時他還不知道這些東西能夠做什麼？而化學家萊昂諾爾·米歇利斯則讓我們知道粒線體與「氧化反應」有關。

不過，就算粒線體已經被發現，還是不能為世人所知，目前我們能夠知道粒線體的作用，是因為美國細胞學家埃德蒙·文森特·考德里等人的大力推廣，還有許多人的努力。

這些我們視為稀鬆平常的科學知識，卻是經過無數前人的努力與累積，歷經時間的淬鍊，才能窺知一、二。

▶▶ 粒線體的結構

在建屋子時，一定要先設計出屋子的隔間，還有建築的材料，而構成粒線體的主要化學成分是：水、脂質和蛋白質，還有少量的輔酶及核酸。至於粒線體的結構，我們可以以下圖來做說明：

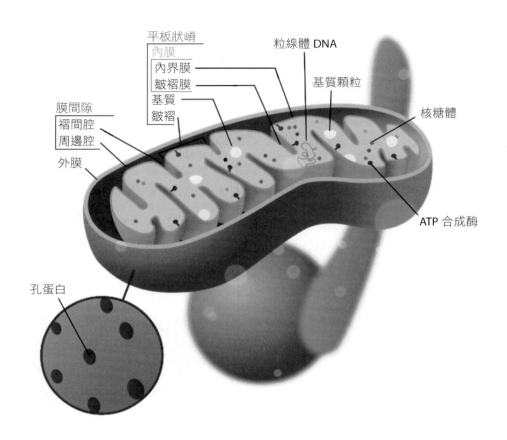

平板狀嵴
內膜
內界膜
皺褶膜
基質
皺褶
膜間隙
褶間腔
周邊腔
外膜

粒線體 DNA
基質顆粒
核糖體
ATP 合成酶

孔蛋白

粒線體分為幾個部分：**外膜、膜間隙、內膜、皺褶、基質**。

- **外膜**：顧名思義，是位於粒線體最外圍的膜，把它想像成屋子外面的牆壁，就不難理解了，而在這個外膜當中，酶的含量相對較少。

  雖然外膜是粒線體的最外層，但它也參與了不少生化反應，能夠將粒線體內部空間的基質所氧化的物質，先進行初步分解。如果這層膜破了的話，粒線體也會走向死亡一途。

- **內膜**：粒線體的內膜含有大量的心磷脂[2]，也比外膜含有更多的蛋白質。粒線體的內膜比外膜承擔了更多、且更複雜的生化反應，不代表外膜就不重要，只是兩邊的工作不一樣。內膜與外膜也有合作的時候，粒線體的分裂與融合，就是內膜與外膜一起協同作用所完成。
- **膜間隙**：在外膜與內膜中間，還有個空隙，叫做膜間隙，不妨想像一下，一般的屋子不是利用磚頭，就是水泥製成，在牆外與牆內中間，磚頭或是水泥都是硬梆梆的物質，而粒線體外膜與內膜中間的「膜間隙」則充滿了液體。

  膜間隙裡含有一些可溶性的酶，而裡頭的某些酶，它的濃度比基質裡的高。
- **皺褶**：粒線體的內膜，有向內摺起來的結構，稱之為「皺褶」，一間屋子裡的牆壁如果充滿皺褶的話，恐怕會令人皺眉頭吧！而粒線體的皺褶可以增加內部表面積，形狀可分為片狀、管狀、泡狀等。

  雖然皺褶讓粒線體的內膜看起來不夠平順，但在這些皺褶上面，有粒線體基粒，這些基粒能夠合成ATP，而需要較多能量的細胞，粒線體皺褶的數目也比較多。

  在不同種類的細胞中，粒線體的皺褶不管在數目、形態以及排列方式也有不同的差別。像片狀皺褶，主要出現在高等動物細胞的粒線體中；管狀的皺褶主要出現在原生動物[3]，以及植物細胞的粒線體中。
- **基質**：一棟屋子裡必需要有活動的空間，而粒線體的內部空間，我們稱之為「基質」，而在這個基質裡，有很多的蛋白質，還含有粒線體自身的DNA。

2　一種磷脂質，除了分布在動物細胞粒線體的內膜，也常見於心肌。

3　通常難以肉眼觀察，草履蟲、變形蟲等皆屬於原生動物。

粒線體的每個部分都有其作用，如果好好的運作，產生飽滿的能量，人們自然容光煥發，倘若有了缺損，對ATP的製成也有很大的影響，可能會感到疲倦、精神不濟。

　　倘若不好好照顧細胞，甚至忽略粒線體，雖然不至於生病，很可能讓你看起來比同齡的人還要老成。

　　所以在探討生命能量的同時，我們更關注粒線體的活力，讓這個小小的發電廠，可以啟動人體「正常」的運作。

小知識　粒線體的分布

　　人體中的粒線體可不是平均分配在每個部位，粒線體的分布跟細胞功能是否旺盛有關。像肝臟細胞裡就有1000-2000個粒線體；而人類的腎臟細胞，靠近微血管的部分，也是富含粒線體；心肌與骨骼肌的粒線體數目也是相當龐大的。

　　不過，人體也不是所有的細胞都含有粒線體，更準確地來說，是大多數的哺乳類動物，牠們的紅血球不具有粒線體。不同生物的組織，粒線體的數量也有變化。

　　而想要知道粒線體如何為我們帶來「能量」，最主要還是得從粒線體的組成與構造做了解。

爸爸去哪了？粒線體的特徵——母系遺傳

中國神話中，有「女媧造人」的故事。為什麼不是伏羲，而是女媧？這一點頗耐人尋味。

而粒線體的遺傳，也是透過母親這邊遺傳下來的。

細胞也會遺傳，但細胞遺傳跟粒線體的遺傳還是有點不同，像小孩的外形是透過細胞遺傳；而關於粒線體的遺傳，包括粒線體的疾病，則是從母親這邊傳下來的。

至於「母系遺傳」這個特點，得從精子和卵子開始提起。

在精子和卵子中，它們各自擁有自己的粒線體，不過比例十分懸殊，一顆卵子約有十萬顆左右的粒線體，而精子約有一百個左右。當然了，從體積上來說，精子跟卵子也有很大的差距。

當精子遇上卵子後，精子的頭部在進入卵子之後，卵子便會關閉進入的通道，此時精子的尾巴便無法進入卵子內。精子需要大量活動，而為了活動，需要粒線體製造的大量ATP，因此精子的粒線體大多集中在尾部。

也就是說，這個受精卵所形成的胚胎，由精子帶進去的粒線體，可以說是少之又少，而這個胚胎身上的粒線體，則是從母親這邊遺傳下去的。

如果對粒線體有興趣的人，或許看過一些粒線體遺傳是由父親傳下去的特殊例子，不過，那畢竟十分少數，大多數還是遵循「母系遺傳」這個規則。

因為「母系遺傳」的特質，這讓科學家往這部分去尋找人類的女性祖先，有更精準的方向，這可比滴血驗親準確多了。

▶▶「粒線體夏娃」

科學家已經利用粒線體「母系遺傳」這個特性，找到了人類的女性祖先，她是位於非洲的一名女性。

這並不是說，當初地球上只有這名女性，在那個時候，還有許多的女性，只是科學家找了147名現代人，而這些不同種族、不同膚色，甚至來自不同地理環境的人，透過粒線體母系遺傳的特徵，追蹤他們的粒線體DNA，發現源自一名位在非洲的女人。

而這些追蹤，是透過粒線體的變異，追出這些變異來自於哪一段基因，而繼續往上探索。

就像一個家族當中，一位祖先生了三個小孩，而這三個小孩，又各生了三個孫子，三個孫子又各自生了三個孩子……即使他們子孫的關係可能越來越遠，但往上尋根，就會發現都是來自同樣一位祖先。

家族可以透過姓氏尋根，而人類則透過DNA尋找祖先，透過粒線體的DNA追蹤，我們找到了人類最早的女性祖先，而我們稱這名她為「粒線體夏娃」。

當然了，她跟聖經上的夏娃，並不是同一個人，取名為「夏娃」，則是有更深一層的含意。

小知識　粒線體遺傳疾病

如果粒線體的DNA本身就有缺陷，透過母系遺傳這個特質，缺陷也會複製下去，遺傳給下一代。

一個細胞當中，最多可以高達上千個粒線體，究竟是哪一個粒線體，甚至是哪個部位的粒線體出了問題，也說不得 ，就算是想要治療粒線體疾病，也無從下手。

再者，粒線體疾病也不一定完全跟粒線體自己的DNA有關。在複雜的真核細胞中，細胞核內的遺傳物質DNA，也精確的掌握著粒線體的命運。只要是參與粒線體調控的蛋白質，在生產的過程中訊息錯誤，或是傳送訊息、製造蛋白質的核糖體出了問題，造成疾病，這些也都被歸納為粒線體疾病。

也就是不光粒線體本身出問題，如果從粒線體延伸出來的相關作用，導致粒線體無法正常運作，沒辦法正常產生能量，都會被視為粒線體的疾病。

就像一輛車子如果有毛病，不單是車身、輪胎，如果加錯汽、機油，甚至電瓶沒電，導致車子無法發動，也都視為車子的問題。

關於粒線體疾病的介紹，我們會在第四章做更詳盡的解釋。

天外飛來的細菌！粒線體的祖先是誰？

人類的祖先是猴子，更準確地說，在演化的過程中，人類的祖先跟猴子的共同祖先分歧而來，才會有此一說。

如果要談到生命萬物的起源，在猴子爬上爬下之前，還可以上溯到兩棲類、爬蟲類，甚至是單細胞微生物。

生命的起源，不是一句話就可以結束。

就像《侏羅紀公園》中，為什麼恐龍是由蚊子吸取的恐龍血液，再加上青蛙的DNA就可以誕生恐龍？姑且不論電影中的烏龍——象蚊是不吸血的，但它證明了一件事，就是生命的演化包含了許多的變異。

像目前我們所知的兩棲類、爬蟲類，也都是由多細胞微生物、單細胞微生物分歧而來。

生命由單純而趨向複雜，最後演化成不同的綱門科目。

地球會如此熱鬧，就是因為有這麼多種生物。而細胞是除了病毒之外，構成生物的最小單位，而粒線體則居住在細胞裡。

從外表看，粒線體像是細菌，而它們的祖先也是細菌沒錯。

▶▶ 粒線體的第一次

人體的細胞住著細菌，已經令人匪夷所思了，下一節會提到它跟細胞的共生關係，只是這個細菌，最早是如何落入到細胞？

目前預估粒線體出現在細胞中的時間，是在20億年前。這個時間，是學者們依據目前所發現的細菌，跟粒線體交叉對比，以及當時的氣候推測出的可能性，加上保留至現今的證據所推測出來的。

那這個最早的粒線體，也不叫做「粒線體」（mitochondrion），粒線體這個名字，是1898年由卡爾‧本達（Carl Benda，1857～1932）這位微生物學家取的。

當時，卡爾‧本達在做其他的實驗，他想要觀察精子，便利用一種叫結晶紫的染色劑，意外的在光學顯微鏡底下，看到這些奇怪的構造，遂利用希臘語中的「線」和「顆粒」這兩個對應的詞——「mitos」和「chondros」來稱呼這種構造。

後來「mitochondrion」這個詞彙就成了粒線體的名字，一直應用到現在。

事實上，第一個發現粒線體也不是卡爾‧本達，而是一位瑞士的生理學家阿爾伯特‧馮‧科立克發現的。

1857年，阿爾伯特‧馮‧科立克在做研究的時候，在肌肉的細胞中發現了一些顆粒狀的結構，而他所看到的這些顆粒狀的結構，就是後來我們常說的「粒線體」。

▶▶ 粒線體的祖先 —— α-變形菌

既然粒線體是外來的細菌，不免讓人好奇，最早的粒線體，也就是第一個落到細胞的粒線體究竟是誰？

美國維吉尼亞大學的吳馬丁（Martin Wu）提出一篇論文，認為粒線體的祖先可能是一種寄生性的微生物，叫做「立克次體」（Rickettsia）的微生物。

但是，細胞真的會接受好吃懶作，只寄生於細胞內的粒線體嗎？「立克次體」是不是粒線體的祖先，目前仍然受到爭議。

雖然，吳馬丁利用親緣鑑定的方式提出論點，不過，目前科學家仍普遍認為，粒線體的祖先，可能是立克次體的親戚，甚至比立克次體更古老的「α-變形菌」（Alphaproteobacteria）。

α-變形菌家族，具有千變萬化的特性，其中包括可能是「粒線體祖先」的古老細菌。它提供細胞好處，細胞也給予了它相當的回饋，因此「粒線體祖先」就留在細胞中比鄰而居了。

科學，原本就是在不斷的研究當中找出證據，再經由不斷的假設、推斷，如果錯誤，就找出正確；如果正確，也要反思是不是有誤，一直到找出真理。

相親相愛還是相愛相殺？
淺談粒線體與細胞的合作共生

一個人的生活很不錯，兩個人的生活也很好，只要能夠達到「互利」，那麼「共生」也沒問題。

若是能夠發揮一加一大於二的力量，那麼共生的型態更讓人樂觀其

成。就像真核細胞正因為擁有粒線體，才有可能演化。

　　至於「共生」，一開始並非想像的那麼順利，就像男女交往，剛開始的時候也是得經過不斷地磨合，最後，終於能夠接受對方，進而讓生命不斷的成長。

　　不只男女關係，在大自然當中，「共生」的例子很多。像是海葵和小丑魚、螞蟻跟蚜蟲等，都是互利共生的關係。

　　不過，既然說是「互利」，那就絕非單方面的得到好處，而是雙方都能夠獲益，也就是說，細胞和粒線體的共生，不只是細胞單方面的提供資源和空間給粒線體，粒線體也對細胞的生存有所貢獻，才能稱得上「互利」，要不然就是「寄生」了。

　　而「共生」，指的是生物間一起生活、生存。

　　在「共生」理論當中，「宿主」是指較大的成員，較小的共生關係體則稱為「共生體」。

　　而「細胞」則為粒線體的「宿主」，細胞的「共生體」指的就是粒線體。不妨將它們想成房東和房客的關係，或許更容易理解。

　　目前學者對於粒線體和細胞互利共生的關係已經無庸置疑。威廉・馬丁（William Martin）與米克洛什・穆勒（Miklós Müller）在自然《期刊》，提出了「氫假說」。他們認為「粒線體的祖先」，可能是產氫的變形菌。

　　最初，這個變形菌產氫，提供給嗜氫成癮的「宿主」甲烷菌，甲烷菌利用了氫與二氧化碳，可生產所需葡萄糖而釋出甲烷。此時，「甲烷菌」與「粒線體的祖先」還只是鄰居。同時，「粒線體的祖先」也可以進行不同種類的有氧和無氧呼吸來產生能量。

　　隨著，地球上環境大氣的改變，氧氣的量提高，惡劣的生存環境，驅使討厭氧的「甲烷菌」與「粒線體的祖先」更密切的結合，甚至於讓

粒線體，共生於「宿主」細胞中，甚至在基因上互通有無，雙方形成互利，這讓「宿主」甲烷菌，可以更適應於有氧的生存環境，也因此開啟複雜多細胞生物體出現的一道曙光。

如此看來，生物演化的力量不只是物競天擇、適者生存而矣，「合作共生」更是一個重要的原則與力量。

▶▶「內共生理論」與「非內共生理論」

粒線體和細胞在一起生存，已無庸置疑，現在的理論也都傾向於「內共生理論」，也就是粒線體是和細胞是一起共生的。

但是這個理論剛開始提出來時，並不被所有的人認同。

有些科學家認為粒線體是細胞的內膜變化而來，換句話說，他們認為粒線體是細胞自己的產物，而非外來者，那麼，也就沒有粒線體的祖先，因為粒線體的祖先就是細胞本身了。

照這個觀點的話，就不能稱為「共生」，因為粒線體源自於細胞的一部分，它們本來就是一家人。而這一派則稱為「非內共生理論」者。

至於「內共生理論」被推出來時，還受到打壓，「內共生理論」和「非內共生理論」吵了一陣子。

生物學家琳・馬古利斯（Lynn Margulis，1938－2011）在提出「內共生理論」時，就遭到當時學術主流的打壓。

馬古利斯支持「內共生理論」，她曾經提出：「大自然的本性就厭惡任何生物獨占世界的現象，所以地球上絕對不會有單獨存在的生物。」

當初她寫了一篇《有絲分裂細胞的起源》（On the Origin of Mitosing Cells）的論文，據她所言，這篇文章先後被十五家科學期刊退回，最後，才在《理論生物學期刊》（The Journal of Theoretical Biology）刊出。

這篇論文一刊出，引起一陣嘩然，馬古利斯受到很大的抨擊，批評的聲浪更是如排山倒海而來，眾人皆斥為荒唐，主流學派更是視這項理論為異端。

即便如此，馬古利斯仍堅守自己的立場。

要知道的是，推出這個理論的馬古利斯並非她的憑空想像，她本身是生物學家，擁有加州大學伯克利分校遺傳學的博士學位，她的理論也是建立在微生物學上。

其實，馬古利斯並不是第一個提出「共生」觀念的人，早在19世紀中期，就已經有科學家提出這項見解，馬古利斯則是第一個直接根據微生物學的研究所作出的推論，與學術主流正面交手。

馬古利斯的論文在1960年代提出，一直被人詬病，馬古利斯仍堅持己見，一直到1980年代，事情出現了轉折！

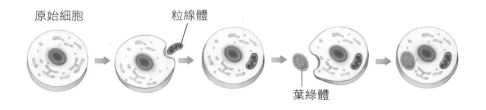

原始細胞　　　　　粒線體

葉綠體

▶▶ 獨立的生命

有科學家發現不只細胞擁有DNA，粒線體亦擁有自己的DNA。這個發現，代表了粒線體和細胞，是兩種獨立的生命，這項事實讓那些批評的人閉起了他們的嘴巴。

當時，除了發現粒線體有自己的DNA，葉綠體也有自己的DNA，這兩者共同的特色，都是跟能量的產生或是轉換有關。

馬古利斯後來有本著作 ——《真核細胞的起源》（Origin of

Eukaryotic Cells），更是進一步的撰述了關於胞器起源的理論。

不管「共生」理論有多少異見，馬古利斯都捍衛自己的立場。

粒線體悄然無息的為人體提供能量，而學界卻因為它而紛紛擾擾，爭吵了許多年。

粒線體除了擁有自己的DNA，其他像是擁有內膜，而在粒線體的DNA上也有屬於粒線體特定的蛋白質。這些發現，都證明粒線體是獨立的微生物。

透過這些證據，「內共生理論」已經廣為人接受，同時也讓「內共生理論」和「非內共生理論」的爭議，後來告一段落。

「內共生理論」也好、「非內共生理論」也好，粒線體與細胞的密切關係已經無庸置疑，為生命的發展與演化，畫下重要的一筆。

諾貝爾醫學獎小故事

1974年 提供細胞生物學理論基礎

——阿爾伯特・克勞德、克里斯汀・德・迪夫、
喬治・艾米爾・帕拉德

1974年，在諾貝爾獎的頒獎典禮上，出現了三個人，他們分別是阿爾伯特・克勞德（Albert Claude）、克里斯汀・德・迪夫（Christina de Duve）以及喬治・艾米爾・帕拉德（George E. Palade），他們因為在細胞的結構與功能上的發現，一起獲得諾貝爾醫學獎。

這三個人來自不同地方，克勞德出生於比利時、迪夫出生於英國、帕拉德出生於羅馬尼亞。

克勞德在細胞生物學有很大的貢獻；迪夫走上生物學的道路，跟父母的期望不同，也因如此，他確定了「溶酶體」的作用；帕拉德不惜遠渡重洋，就是為了與克勞德從事細胞功能研究。

因為共同的信念與研究，他們研究出細胞的生物化學功能，也為細胞生物學提供了新的理論基礎。

王醫師 Q&A

Q·細胞具有粒線體，有不含粒線體的細胞嗎？

　　想要知道這一點，得先了解一下粒線體的宿主——細胞，所謂的細胞分為：「原核細胞」和「真核細胞」。真核細胞裡有各式各樣的胞器以及細胞核，而原核細胞沒有。動物、植物、真菌則屬於真核細胞，細菌屬於原核細胞。

　　粒線體和細胞的狀態，就是原核細胞落入了真核細胞，並演化出共生。

　　科學家已經找了幾種生物，像是蘭布爾吉亞爾氏鞭毛蟲（Giardia Lamblia），一直以來，它被認為是不含粒線體的真核生物，1997年，美國的Woods Hole海洋生物實驗室發現它裡頭，殘留一種蛋白質，有粒線體存在過的痕跡。

　　而捷克布拉格查理大學的研究團隊，從絨鼠（chinchilla）的腸道發現了一種類單鞭滴蟲（Monocercomonoides），發現它擁有粒線體的痕跡。

　　在目前所知的真核細胞，都發現它們的體內有粒線體，或是曾經存在過，只是後來沒有出場的時機，遂將它丟棄了。

　　至於未來能不能挖掘出，完全不存在過粒線體的真核細胞？恐怕還有待科學家找出答案。

細胞大電廠
粒線體的奧祕

A. 人體的能量是由粒線體提供，ATP是通用的能量貨幣。

B. 人體的細胞到處都有粒線體，細胞功能越旺盛的部位，粒線體越多。

C. 粒線體具有「母系遺傳」的特徵，粒線體疾病是由母親方面遺傳下來的。

D. 粒線體的祖先是一種叫「α-變形菌」的細菌。

E. 粒線體和細胞的關係，分為兩種理論：一種是「內共生理論」，一種是「非內共生理論」，現在普遍認為是「內共生理論」。

發電廠「電力」的來源

「還原」好？還是「氧化」好？
忙碌的電子傳遞鏈

當我們呼吸時，為身體注入氧氣，便覺得神清氣爽、身體舒暢，覺得氧氣為我們帶來了能量。

這話只對了一半，氧氣是製造能量的「原料」，但還不算是體內所運用的能量貨幣，ATP在粒線體的內膜上，透過「電子傳遞鏈」這個作用而產生。

氧氣在人體外，粒線體在細胞內，氧氣要怎麼成為ATP呢？

就像食物，我們不可能吃了一碗白米飯或一塊肉，那些米飯和肉塊就直接成為能量，必需要經過唾液、胃酸的分解和消化，再經過一連串的作用，才能產生我們所需的能量。只是我們都簡化慣了，會認為獲得氧氣，就能獲得能量；攝取碳水化合物，就能得到ATP。

想要得到ATP，還得透過粒線體。

而這個產生能量的「電子傳遞鏈」又稱為呼吸鏈。它與肺的呼吸不一樣，是細胞內的「呼吸作用」。由氧氣參與這個作用，最後才形成ATP。

　　出生於比利時的柯奈爾・海門斯（Corneille Jean Francois Heymans），他的父親是不僅是藥理學系教授，而且還是藥物動力學與治療學研究創始人，在父親的培養下，海門斯對這方面也有濃厚的興趣，後來還跟父親在呼吸以及循環生理學及藥理學領域一起進行研究。

　　海門斯對於人體的呼吸，還有新陳代謝、血液循環都頗有研究，他證明了神經迴路帶動了血壓與血氧，還發現主動脈竇和頸動脈竇[1]的機制在呼吸調節中所起的作用，證實了呼吸調節的外周化學感測器，這些發現讓他在1938年獲得諾貝爾的醫學獎。

　　看起來好像要有氧氣，粒線體才會製造能量，其實，不管有沒有氧氣，粒線體都會產生能量。

　　這並不是說，就算你停止呼吸，粒線體也會製造能量，只是說，不管有沒有氧氣，粒線體都會執行「呼吸作用」，但是，能量的供給會有差異。

▶▶ 呼吸作用三階段

　　生物要怎麼獲得能量？有三個方式，透過「呼吸作用」、「發酵作用」和「光合作用」都可以獲得能量。

　　而對於一個好氧、需靠氧氣維生的生物，像是人類與多數動物來說，氧和呼吸作用就有很大的關係。

1　主動脈竇、頸動脈竇：分別位於主動脈、頸動脈的壓力感受器。

從氧氣進到細胞，一直到粒線體產出ATP，包括三個階段：

A. 第一階段（糖解作用）：在細胞質的基質中進行，此刻不需要氧
的參與。
B. 第二階段（檸檬酸循環）：在粒線體的基質中進行，不需要氧
氣。
C. 第三階段（電子傳遞鏈）：在粒線體的「內膜」進行，在這個階
段會需要氧氣。

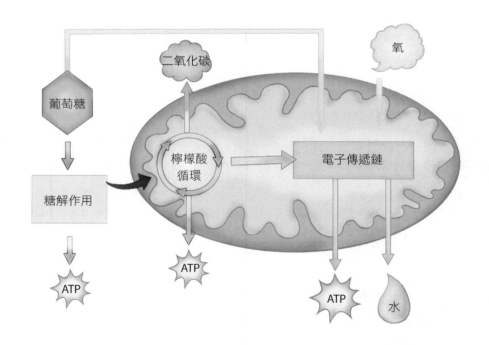

能量的產生，是經過一連串無數的作用，進而產生，而這些作用跟
粒線體脫不了關係。

粒線體提供「膜」這個位置，好讓電子傳遞鏈完成一連串的作用。不管有沒有氧氣參與，它都會執行呼吸作用，進而產生能量。

　　話雖然這麼說，然而，粒線體在進行有氧呼吸時，所釋放出來的能量會比較多，而透過無氧呼吸所釋放出來的能量就會比較少，所以「氧氣」還是能量的主要來源。

　　接下來要提的是跟氧有關的產生能量方式，至於與氧無關的產生能量方式，在第八章討論運動時會做解答。

諾貝爾醫學獎小故事
1947 年 **檸檬酸循環**
── 漢斯·阿道夫·克雷布斯

　　發現檸檬酸循環的漢斯·阿道夫·克雷布斯（Hans Adolf Krebs），與提出ATP的李普曼一起得到諾貝爾醫學獎。

　　克雷布斯在畢業後，於瓦爾堡的實驗室開始做研究，在政治的影響下，他來到了英國，在雪斐爾大學教書，並且繼續做研究，並選擇了研究食物在體內如何轉化的議題。是故，我們在提檸檬酸循環時，也會稱之為克雷布斯（Krebs）循環。

▶▶ 電子傳遞鏈

　　我們一直在說「呼吸作用」，也講到「電子傳遞鏈」，那麼，電子傳遞鏈到底是什麼？在呼吸作用中，位於哪個階段發生？

　　當我們吃進碳水化合物時，碳水化合物經過消化，會分解為單醣，也就是葡萄糖，當葡萄糖進入人體之後，要將它分解燃燒，這個過程會有一連串的反應。

　　因為這個反應太複雜了，所以我們直接進到反應的最後結果，再回

頭來看公式，在這些反應最後會看到氫原子被拆成質子和電子[2]，而電子則會靠著載體的傳遞完成呼吸鏈，而這條呼吸鏈則被稱之為「電子傳遞鏈」。

在呼吸鏈完整的前提下，電子會被「還原」及「氧化」。

氧化就是物質失去了電子；而得到電子就是還原。

氧化和還原會是一起出現的，因為單獨存在的電子是不穩定的。重點來了，這中間的反應都會釋放出能量。

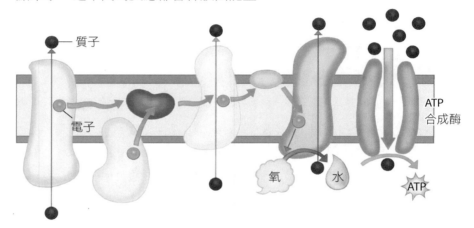

質子

電子

氧　水

ATP 合成酶

ATP

到這裡我們有了一個簡單的概念：有氧呼吸的三個階段都可以製造出ATP，但大量ATP的生成所在地，是在第三階段。而在呼吸鏈的最後，電子最後跟質子重新結合成水。這個作用中所產生的質子，將繼續驅動能量的生成。

製成ATP的密碼，也開始清晰起來。

由粒線體提供「內膜」，並驅動大量生成ATP的第三階段，氧氣與ATP的關係如此之深，也讓我們做任何事的時候，都脫離不了它。

2　在化學領域中，原子被視為最小的單位。氫原子包含一個帶正電的質子與一個帶負電的電子。

電子傳遞鏈與粒線體的關係如此之深，所以在提到呼吸作用時，粒線體功勞不可謂不大，也讓我們在提到能量時，幾乎將氧劃上等號。但真正讓氧轉化為體內的ATP，還是得歸功粒線體。

最後一道「推手」──質子驅動力

現在，我們明白了氧在粒線體的內膜這個位置上製作出ATP，也明白它的作用，但是能量的產生跟粒線體的關係，還不僅於此。

為什麼非得在粒線體的內膜才能製作能量，其他的位置不行嗎？

想要明白這一點，則要從粒線體的「膜」來說明，雖然它只有薄薄的一層，卻無法讓人忽略它的重要性。除了能量，它也跟死亡有關，關於這一點，我們在後面會提到。

現在，我們不妨把粒線體想像成一顆雞蛋，如果有剝過水煮蛋的人就會發現在蛋殼與蛋白之間，其實還有一層薄薄的膜。

如果將蛋殼視為粒線體的外膜，不妨把這層薄膜想像成粒線體的內膜。

水煮蛋的內膜薄到一撕就裂，而粒線體的內膜也是，它甚至只有 $5 \sim 6$ 奈米（10^{-9}m，nm）左右，卻承擔著非常複雜的生化反應。

而這些複雜的生化反應，來自於粒線體的內膜中，有無數的腺苷三磷酸合成酶。

腺苷三磷酸合成酶聽起來很複雜，說穿了，它就是一種蛋白質，簡稱ATP合成酶。

不妨把粒線體想像成一個巨大的球體，而我們則縮小數十萬倍，進到粒線體裡面。當你站在粒線體裡頭，上下左右張望，會發現膜上面充滿了ATP合成酶。

ATP合成酶長得有點像蘑菇，散布在粒線體的內部面積，數量頗為驚人，至少有上萬個，而這些ATP合成酶彼此間並沒有相連，而它們為ATP的形成，做了最後的媒介。

▶▶ 化學滲透

ATP的誕生，還需要一組化學滲透力。

雖然說是「滲透」，但它其實是「推動」的意思，所謂「滲透」，是因為詞彙的意思，跟真正的化學其實沒什麼關係。

在呼吸作用當中，我們可以知道氫原子被拆成了質子與電子，但是，被泵入膜間隙的質子是沒有辦法通過粒線體的「內膜」。

既然如此，我們就放棄它了嗎？

想要得到ATP，所有的步驟都得完整，放棄了質子，就無法得到ATP，難道少了這一關，我們就無法得到能量了嗎？

別急，就算你再不喜歡化學，也一定聽過「濃度」。

舉例來說，如果將兩杯水各自加入一湯匙和十湯匙的鹽巴，這兩杯水的濃度是不一樣的。

不同的濃度，pH值和電位差也不一樣，聽起來又複雜化了。

只要明白粒線體的膜內和膜外有著不同的濃度，那麼，質子靠這兩邊不同的濃度，就可以進入粒線體的基質，而這個滲透力，就成了粒線體製造ATP最後的推手。

因為質子沒有辦法自己通過粒線體的「內膜」，這時候，這股驅動的力量就會去推動它，完成最後的步驟。

而最後這個驅動，就被稱之為「質子驅動力」。

如此，就可以明白為什麼要在粒線體的內膜上來生產ATP，內膜有它的結構和作用，換個地方作用就不一樣了。

不只長肌肉，組成粒線體也需要蛋白質

你會聽到營養學家建議，在早上吃一顆蛋，好補充蛋白質；對那些重訓而想要獲得肌肉的人，蛋白質的攝取就很重要；而小孩子的發育過程，更是少不了蛋白質。

對動物們來說，蛋白質是很重要的營養物質。

蛋白質（protein）是組成生物的成分，有很多的種類，除了胺基酸，酶也是常見的蛋白質。

小知識 你所不知的蛋白質

在化學上，如果將蛋白質拆開來看，蛋白質是由胺基酸所串起的長鏈，而這條長鏈獨一無二，在每條長鏈上有不同的訊息。

胺基酸

讓我們想像一下，假設蛋白質是一條利用珠子串起的鏈子，而這些珠子就是胺基酸，或許更有助於理解其構造。

而在這些珠子（胺基酸）上面可能有些訊息或數字，而胺基酸透過排列，成了獨特的長鏈。

那麼，如果我們想要另外一條同樣的鏈子，就必須要利用同樣數字或訊息的珠子，將它串在一起，只要其中一個數字或訊息不對，就不能說這兩條項鍊一模一樣。

對應到蛋白質，只要其中一個胺基酸的順序或訊息有誤，整條長鏈也就不對了，成了「突變」，這整條蛋白質的鏈子結構也就有了改變。

有些訊息或許看起來相似，但可能有些微的不同，那就不能說是同樣的訊息了。

這些蛋白質推動著許多化學反應，擔任細胞間傳導信號的角色，對生物的代謝也很重要。

粒線體雖然微小，也需要蛋白質，甚至在DNA轉移到細胞後，也會需要來自細胞核裡的蛋白質，所以粒線體和它的宿主關係密不可分。

▶▶ 輕裝上陣的粒線體

粒線體本身就有DNA，為什麼要轉移給細胞，是為了付房租嗎？當然不是這個原因。

其實粒線體非常偷懶，我們知道粒線體是細菌，而細菌非常的單純，它誕生的目的就是為了生存，而為了延續生命，細菌誕生之後，人生的意義就是「快速的分裂、複製」。

但是要快速的分裂、複製的話，就不能有太多的累贅，就像一艘船如果想要減輕負擔、快速前進，船長也會吩咐丟掉一些不必要的東西。

而粒線體除非它能夠獲得充足的能源，否則大部分的細菌為了效益，就會不斷地精簡基因，將能力都去複製、分裂了。

一個要搬家的人，只會載走必需品，而不必要，甚至可有可無的東西就直接拋棄，以節省成本。

基因對細菌來說，沒那麼重要，也不是完全不重要，就像搬家時，我們會捨棄掉一些東西，若搬到新的地方，臨時需要一個烤箱的話，再到附近的電器行再買不就得了，不必非得把舊的烤箱帶到新的地點，太占空間了。而粒線體的優點就是，如果它們的能力足夠的話，就會籌集新的基因。

利用搬家的例子，可以看出細菌延續生命時，採取「輕裝上陣」，它可以丟棄基因，也可以將基因轉移到附近的細胞，有需要的時候，再移轉到自己身上即可。

至於是輸出還是輸入，都會根據細菌當下的需求，非常靈活。

如此，便可以明白為什麼在延續生命的路上，粒線體會不斷地繳出自己的基因，為自己的生存找出最大的效益。

王醫師 Q&A

Q・基因和DNA有什麼關係呢？

如果將DNA比擬為一條長長的義大利麵，那麼基因就是這麵條中的一小截，別看它小又短，這麼一段基因便掌控了你的某些特徵，例如單雙眼皮、血型等。某些遺傳疾病也由基因掌握關鍵，例如紅綠色盲、地中海型貧血等。

▶▶ **飛躍的RNA**

問題來了，粒線體繳出那麼多的基因，就完全不再需要了嗎？

一個人如果擁有大筆的現金，為了避免風險，會在身上放一些現金，而大部分的存款都放在銀行，這並不代表他不需要這些錢，只是先換個地方存放，等到需要時，再取出來即可。

人們如果要領回自己的存款，就是去ATM或是銀行，粒線體如果需要這些繳到細胞核內的DNA時，又該怎麼辦呢？

別忘了DNA重要的能力──複製，儲存於細胞核裡的DNA在進行複製後，就要靠「核糖核酸」（Ribonucleic acid, RNA）傳遞給粒線體。

讓我們透過想像，將鏡頭放到DNA，蛋白質的分子結構都寫在DNA上，而DNA的序列會先轉到RNA上，就像建築物施工時，需把總設計圖分出來，轉成局部的設計圖，再進行施工的過程。DNA轉成

RNA的過程，稱之為「轉錄」。

　　RNA上面載著DNA的資訊，來到了製造蛋白質的工廠——核糖體。

　　細胞中的核糖體有的位於內質網膜上，有些則散落在細胞質。它的任務就是將RNA所攜帶的訊息轉成蛋白質，這個過程稱為「轉譯」。

　　粒線體靠著RNA得到了所需的蛋白質，這些蛋白質需要經過辨識，就像是寄件人和收件人的訊息必須填寫正確，這樣，蛋白質才能夠正確的回到粒線體內。

　　在這裡，我們可以看到蛋白質對於生物是多麼重要，甚至在粒線體演化的過程中，即便繳出基因，還是需要這些在外的基因所製造的蛋白質，並且想辦法讓它運送回來，蛋白質對粒線體的重要性可見一斑，而這些蛋白質，細胞也可以利用呢！

　　喔！對了，甚至連核糖體一部分的組成，也是靠蛋白質呢！蛋白質幾乎無所不在。

　　在正常的狀態下，蛋白質能夠促進細胞的許多功能，而許多的粒線體疾病，也都跟粒線體的蛋白質缺損或毀壞有關。在研究粒線體疾病時，或許也可以從此下手。

1992年 蛋白質的磷酸化

——埃德蒙·費希爾、埃德溫·克雷布斯

　　埃德蒙·費希爾（Edmond Henri Fischer）出生於中國上海，他在七歲的時候，跟哥哥到瑞士去念書，成長的過程中選修了生物、化學，在1954年的時候，他和埃德溫·克雷布斯（Edwin Gerhard Krebs）進行生物化學研究。

　　克雷布斯出生於美國，曾經在1947年獲得諾貝爾醫學獎的柯里夫婦身邊協助研究，一直到37歲，才和費希爾成了研究上的搭檔。

　　目前我們知道，人體內的細胞代謝得透過蛋白質，而磷酸根會改變蛋白質的作用。費希爾和克雷布斯讓世人了解到這一點的生物調節機制，在1992年獲得諾貝爾醫學獎。

王醫師 Q&A

Q·粒線體的DNA和細胞的DNA有什麼不同？

　　細胞有DNA，粒線體也有，它們有一些差距，而最大的差距在於，粒線體的DNA有著細菌的特質——外圍沒有蛋白質的保護。

　　這就像沒有外盒包裝的貨物，粒線體的DNA很容易毀損，這對粒線體來說可不是好事。畢竟，粒線體的DNA和細胞中的DNA一樣，都負責建構粒線體裡的其他蛋白質，如果毀損的話，可能造成突變。

　　即使在演化的過程中，粒線體將自己的DNA送給了細胞核，但不代表就此跟送出去的DNA分割，它還是得靠這些送出去的DNA所生產的蛋白質，並讓這些蛋白質回到粒線體的體內，協助它進行功能。

發電廠的廢物——不受控的自由基

在呼吸作用下，氧氣進入體內，再藉由一連串的機制作用產生ATP，充沛的能量讓我們足以體驗這個世界，這真是太美好了。

只是，在這一連串的反應的背後，也有我們所無法預測的變化。粒線體在製造ATP時，同時還會產生自由基。

這不禁讓人產生疑惑，粒線體不是讓人們維持滿滿的能量，怎麼還會製造出自由基？

事實上，在製造ATP的時候，也會產生自由基，我們人體的發電廠在發電的時候，同時也排出了廢物。畢竟，世事不盡完美，你想要粒線體產生的ATP，就得接受它所帶來的副作用。

不過，自由基的存在，自然有它的意義，不必將它視為大敵，只是它的負面功能可能大於正面功能。如果想要對抗老化或預防疾病，就得減少它的存在了。

▶▶ 落單的電子

自由基（Free Radical）又稱「游離基」，指的是當化合物的分子化學鍵斷掉的時候，電子就無法成雙成對，此刻，沒有另外一個原子的箝制，這個狀態就成了自由基。

我們回想一下，在電子傳遞鏈的小節時，提到葡萄糖在進入人體後，會有一連串的反應，而最後的氫原子會被拆成質子和電子，而電子在「正常」的狀態下，會完成呼吸鏈。

那，如果電子失控了呢？

擁有單數電子的化合物是極不安定的，因為電子必須成雙成對才會穩定，擁有單數電子的化合物隨時都會搶奪別人的電子，就像磁鐵一

樣，帶正極的磁鐵和帶負極的磁鐵很安定的吸在一起，而單極的正極或負極，則會隨時會找尋帶有負極或正極的磁鐵穩定下來。

被搶走電子的化合物又該怎麼辦？因為失去電子的化合物的性能會改變，為了維持自己的穩定，又會去搶奪其他化合物的電子，形成搶奪電子的大混戰。

這就像你搶了我的女朋友，我就去搶另外一個人的女朋友，另外一個人就去搶第三個人的女朋友……如此任性，社會必將大亂。

而電子傳遞鏈在粒線體的內膜起作用，在這種情況下，粒線體的膜難免受到影響，如果其中一個步驟出錯，造成過量的自由基，連帶的，粒線體會被這些自由基攻擊。

別忘了，粒線體的膜上有數萬個呼吸鏈，這些呼吸鏈產生的少量自由基，粒線體還可以負荷，而當自由基的誕生，遠遠超過粒線體所能承受的範圍，人們就會開始老化，甚至生病，這才是需要注意的狀況。

▶▶ 氧化家族

粒線體製造ATP就好，為什麼還會產生自由基，讓我們得隨時面對老化或疾病的威脅呢？

其實，在依賴氧氣為主的生物體內，約有95%的氧氣會在粒線體的內膜起作用，產生ATP，而1～2%的氧則會變成超氧陰離子、過氧化氫、還有其他的活性氧自由基，自成一個家族，稱活性氧族（Reactive oxygen species；ROS）。

我們更深入介紹一下這些活性氧的家族，以氧為中心，活性氧族中自由基的家族其實還挺龐大的。像是氫氣自由基（hydroxyl radical, ·OH）、超氧陰離子（superoxide anion, O_2^-）等，還有其他和氧有關的自由基等。

既然自由基跟「氧」有關，那不要「氧」的話，也就減少了自由基？這個想法不太切實際。因為一般來說，氧分子其實是安定的，像我們呼吸的氧氣就是。

要擔心的是一些活性比較高，較易和其他分子產生反應，或是透過催化的活性氧族，這時候，就會形成破壞性的自由基。

我們的身體沒有那麼脆弱，一點點的自由基所造成的傷害，細胞會進行自我修補，「過量」的自由基才會對人體進行傷害。

一個拳擊手如果將拳頭在你身上輕輕的碰一下，跟重重的捶下去，後果是不同的，自由基也是如此。

▶▶ 體內的抗氧化物

在很多保養，或是抗老的觀念裡，都會先帶領人們對抗自由基。不過，自由基本來就無可避免，想要消除過量的自由基，可以利用抗氧化物，而我們的體內就有自我清除自由基的能力。

在我們的體內，有三種專門清除自由基的酵素：

A. 穀胱甘肽過氧化物酶GPx（Glutathione Peroxidase）
B. 過氧化氫酶CAT（Catalase）
C. 超氧化物歧化酶SOD（Superoxide Dismutase）等。

這三種酵素，能夠幫助我們對抗自由基，我們能夠做的，就是加強它們的活性，有很多的方式，像是運動，或是飲食都可以。至於這些，後面的章節會做詳細的說明。

在人生的道路上，阿克塞爾・胡戈・特奧多爾・特奧雷爾（Axel Hugo Theodor Theorell）遇到很大的打擊，1930年，剛獲得醫學博士的他，因為患上不明疾病，再也站不起來，對特奧雷爾來講，無疑是個很大的打擊，但在經過沉澱、冷靜之後，特奧雷爾決定投入基礎醫學和生物學研究。

在被烏普薩拉大學聘為化學助理教授之後，特奧雷爾開始研究肌紅蛋白，而為了研究位於人體內的催化劑，即使行動不便，還是前往柏林，去研究「酶」的結構，他在過氧化氫酶、乙醇脫氫酶的研究，都有很大的成就。在1955年獲得諾貝爾醫學獎。

▶▶ 自由基的「功能」

自由基並不全然都是壞人，適度的自由基其實還具有保護功能呢！

是不是哪裡有誤會，自由基竟是朋友嗎？

其實，像有時候我們跌倒，或是被釘子劃到，身上產生傷口時，病毒進到體內，而我們體內有一種很重要的免疫細胞，稱做巨噬細胞（macrophages），它會釋放出一氧化氮（NO），能夠破壞那些被感染的細胞，將它們趕走，維持體內健康。而一氧化氮（NO）就是一種自由基呢！

除此，自由基還有「信號」的功能，自由基是因為錯誤的呼吸作用而誕生，在正常的狀況下，它如果被粒線體發現的話，粒線體的DNA就會製造出核心蛋白去修正錯誤的呼吸作用。

以往認定自由基只會帶來細胞的災害，但它們其實還有正面的功能，不能一概否定。

Chapter 2 發電廠「電力」的來源

057

我們可以做的，是避免過量的自由基，而不是澈底抗拒它們。少量因為自由基而受傷的粒線體，細胞也有一套精細的自我修復機制，如果粒線體受損嚴重的話，細胞也會自動排除。

在現代的社會，人們不管是接受到外來的刺激，像是空氣汙染；或是內在的壓力，像是憂鬱症，都會給身體帶來過多的自由基。人們想要健康、想要抗老，並不是往外求，而是要從內在做調整，才能維持健康。

A. 「電子傳遞鏈」在粒線體的內膜上執行，不論有沒有氧，粒線體都會進行呼吸作用。

B. 粒線體的內膜內側與外側有著不同的濃度，質子靠兩邊不同的濃度，進入粒線體的基質。

C. 粒線體在演化的過程中，繳出自己的基因給細胞，但它還是需要這些基因所製造的蛋白質來進行生化作用。

D. 微量的自由基，人體可以自我修復它所帶來的損傷；過量的自由基，則會對粒線體造成傷害。

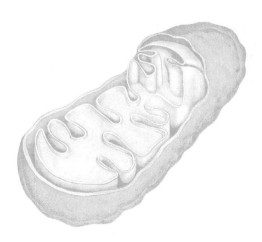

Part 2

上班上久了，難免感到疲乏，粒線體為生物製造ATP，人體的發電廠承載這麼大的工作量，它會不會罷工也令人相當關心。

畢竟，粒線體不可能毫無設限，源源不絕製造ATP，再豐厚的資源，如果不當的取用也會枯竭，根據自由基的攻擊狀況，粒線體也會受傷、突變，嚴重的時候甚至會死亡。

這讓我們開始有了警覺，是不是該對粒線體好一點？

只是粒線體有沒有損害，我們怎麼知道呢？粒線體又不會說話，它有狀況，我們又怎麼察覺呢？

在這裡，我們先有個觀念，粒線體的功能衰退的時候，我們並不一定能夠感到差異，因為它還有自我修補的機制。

但是——

通常等到覺得不對勁時，其實都已經損壞得相當嚴重了。

人之所以生病，是身體受損，更準確的說，是器官的細胞受損，像心肝脾肺腎皮膚等器官，若是功能衰退，人也跟著虛弱、精力消退，能否從事自己喜好的事是其次，嚴重者連基本生活都有困難。

是故，在追逐自己的夢想之前，都會強調先要有強健的身體，才有執行的本錢。

粒線體受損、突變，除了造成細胞的老化，也會產生疾病，換句話說，人體之所以生病，是因為粒線體的DNA被破壞，或是細胞缺乏正常功能，即便大病沒有，也小病不斷。

而細胞一旦變異，並不會在第一時間就淘汰，通常都先進行代謝修復，如果代謝無效就會進行凋亡的程序。

在粒線體上，可以看到老化、疾病與死亡都跟它息息相關。

自古以來，人們就一直在追尋死亡的奧祕，最後發現，解答竟然就在我們的體內？粒線體用它的方式，帶領我們窺視這個領域。

在接下來的章節，我們會特別針對粒線體的老化、疾病、癌症，做更詳盡的說明。

Chapter 3

不可逆的成長——談老化

我怎麼變老了？論自由基的攻擊

　　早上醒來時，看到鏡子裡的自己，眼角似乎多了一些魚尾紋；同事相約去爬山，還沒攻頂就已經氣喘吁吁。不免讓人心生喟嘆，我是不是老了？

　　「老」，是人類的大敵。

　　人類從出生就邁向死亡，但小孩子到青少年，都會說他們正在「成長」，而成人之後，就會開始認為「老化」，同樣在時間這條線前進，「成長」和「老化」代表的意思卻截然不同。

　　許多人恐懼老化，拚命防禦，從古到今，各種手段都有。不論是保健或保養，充其量就是老化慢一點，而無法不讓老化到來。

　　老化是必然的趨勢，只是速度快或慢而已。

　　老化無法以年齡的數字來看，有些人明明五、六十歲，外表看起來卻像三、四十歲，也有人年紀輕輕，卻不如所謂的老人家。

　　老化，究竟是怎麼回事？

　　處在科學的時代，我們已經知道老化是因為自由基的衝擊，想要減緩老化，就要減緩自由基。

Q・青壯年和老年人的粒線體會有差別嗎？

在老化的細胞中，可以看到粒線體DNA（mtDNA）是有缺失的，根據研究，不管是人類，還是其他的哺乳類動物，粒線體DNA的缺失，會隨著年紀而有差異，而在2018年的國際期刊中，也發現細胞在老化的過程中，粒線體的功能也會逐漸衰減，根據這些研究，可以推論青壯人的粒線體，和老年人的粒線體是有差異的。

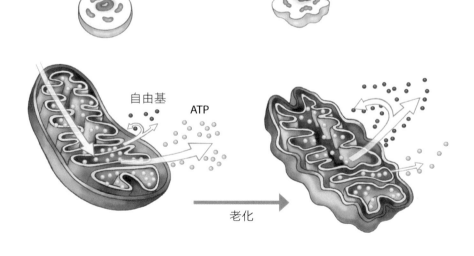

正常細胞　　　　　　　　老化細胞

自由基　ATP　　　　　　　　老化

▶▶ 全方位的攻擊

自由基是老化的元凶。

前面我們已經提到「自由基」，知道自由基會破壞粒線體的功能，說破壞還太籠統，準確來說，它會讓細胞「氧化」。

氧對人來說是好東西，但因為它而產生的自由基，就讓人敬謝不敏了。而在這個章節我們所討論的，已經不是微量，而是開始會傷害身體的自由基了。

這些自由基以人類所無法察覺的速度進行破壞，不斷滲漏的自由基一直攻擊粒線體，讓粒線體脫離原來的狀態，細胞也開始出現失調及異常。它們不只攻擊粒線體，攻擊也有好幾個層面，像是細胞膜被氧化，倘若細胞膜被氧化的速度大於再生的速度，人就會產生老化。

而蛋白質也很容易被攻擊，我們提過蛋白質對粒線體重要性，蛋白質若被破壞，間接影響到粒線體，也會產生老化。

而蛋白質中的胺基酸，像離氨酸（lysine）、組氨酸（histidine）都很容易受傷，這些蛋白質嚴重損傷時，會讓細胞變異。

甚至，像低密度脂蛋白[1]一旦被氧化，若過於嚴重，則會造成動脈粥狀硬化，讓人的心血管出現疾病。

自由基的攻擊是全方位的，不只蛋白質，還會攻擊DNA，DNA如果被攻擊了，才令人傷腦筋。

因粒線體的DNA是沒有蛋白質保護的，如果DNA的傷害過於嚴重，會破壞它的結構，進而造成突變。這些變異累積起來，會使細胞無法恢復正常，執行功能。

老化是不可逆的，當細胞被破壞，就沒辦法回到過去，所以人們對自由基向來沒什麼好感。

那麼，想要減少粒線體的毀損，就要加強粒線體的功能，而「抗氧」是其目的。

1　低密度脂蛋白（LDL）就是大家所知悉的「壞膽固醇」。

▶▶ 消失的抗氧化機制

面對自由基的攻擊，細胞當然也不會毫無抵禦，任憑它攻擊，正常的細胞會有「武器」去對抗自由基。

像我們前面提過體內有三種專門清除自由基的酵素，穀胱甘肽過氧化物酶GPx、過氧化氫酶CAT、超氧化物歧化酶SOD。這些都可以靠一些食物或運動產生或強化。除了這些，體內還有一些除去自由基的物質。

自由基是個頑固的敵人，日子一久，細胞的年齡也增長，活性氧也會不斷累積，而這些除去自由基的物質也開始減少，像是輔酶Q10（coenzyme Q10）和類脂酸（硫辛酸，α-lipoic acid）等，這也是為什麼年輕的時候，不管你熬夜或是生病，只要睡個一覺，隔天醒來就好很多，而年紀大的人，則要好幾天的時間才能恢復。

隨著時間不停地流逝，我們的細胞也被越來越多的自由基攻擊，自由基不但頑固，數量還很龐大，不論靠著內在的自由基清除酵素，或是外在的抗氧化物，受傷的粒線體也一直被積累。

當這些基因錯誤的粒線體，多過於正常的粒線體，而且不斷地被複製，粒線體無法正常製造ATP，細胞為了生存，也會移除這些錯誤的粒線體，最後，細胞死亡將在細胞老化之後到來。

這似乎是不可逆的趨勢，看似無情，卻是一種細胞保護自己的機制，該凋亡時而不凋亡，身體會付出很大的代價，癌症就是如此。

打開潘朵拉的盒子──談老化的細胞狀況

當皮膚不再具有光澤、彈性，身體機能也開始消退，事實上，細胞

也開始有了改變。

甚至應該說，當細胞改變了之後，人才開始老化。

細胞在承受自由基攻擊的時候，不會立刻有所損傷，通常傷害超過所能負荷及自我修補的程度，才會開始衰弱。

可以說老化是細胞的變異，而這些變異藏在DNA的「控制區」裡，成為老化的證據。

老化的外表從肉眼就可以看得出來，但細胞的老化得經過顯微鏡才能夠看得清楚。

其實，老化也滿公平的，因為從呼吸鏈滲漏出來的自由基，在攻擊胞器、蛋白質或DNA時，是不會挑選對象的。

「衰老生物學」正是在研究生物衰老的現象、過程和規律，讓我們更加明白老化，才能想出應對之策。

▶▶ 老化的證據

那麼，「老化」跟「年輕」的差異，只是外表或年齡的差異嗎？現在已經明白不斷滲漏的自由基，會讓粒線體進行「突變」，這些突變不一定會讓細胞遭受立即性的傷害。

這些粒線體變了，但它不一定會對人體造成傷害，除非你把老化也視為一種傷害，否則這些突變不會對人體有立即的致命影響。

目前科學家在老化的細胞組織裡面，發現DNA有突變，而這些變異幾乎都在DNA的「控制區」裡。

我們簡單了解一下，粒線體的DNA又分為「編碼區」（coding region）以及「非編碼區」（non-coding region），「非編碼區」又稱為「控制區」。

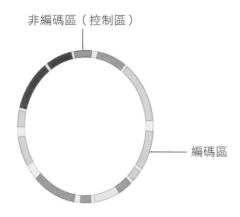

非編碼區（控制區）

編碼區

　　看起來很艱澀，想要了解「老化」，只要將重點著重在「非編碼區」，也就是「控制區」即可。在這裡，藏著跟老化有關的突變。

　　老化細胞裡，有五種只有老化細胞才具有的突變，這些突變會干擾粒線體的其他功能，像是呼吸作用，連帶的，代謝的功能也受影響，細胞的正常功能也會影響。

　　而在粒線體方面，有二十多種跟老化有關DNA斷損的突變，這些斷損的突變，都會隨著年紀增加而提高，單點的突變也是一樣。

　　這些變化，只有在30歲以上的成人才會開始發現，到了60歲之後，增加得更快。

　　或許這也能理解，在同樣的時間線上前進，會有所謂「成長」和「老化」兩者的不同意義詞彙的差距了。

　　就像是造物主將變老的祕密藏在裡頭，DNA承載著歲月的痕跡，卻不至於影響細胞的正常功能，不免讓人想揭開它的奧祕。

　　也許哪一天，科學家能夠查出是什麼樣的變異造成老化，又或著能夠控制這些變異，就可以延長壽命？

▶▶ 衰老的指標

目前國際上已經逐漸認同，粒線體是老化的重要指標。並在2018年的一份國際期刊，指出觀點。

粒線體和細胞的關係密不可分，幹細胞亦是如此，而幹細胞最為人重視的能力——「分化」及「自我複製」一直為醫學界所倚重，一些治療也是透過幹細胞而完成。而人體的細胞替換，也都是由幹細胞來協助進行的呢！

只是，幹細胞也會衰老，也會死亡。

雖然幹細胞它的分裂能力很強，但如果它分裂的次數到達臨界點，還是避免不了宿命。

科學家從這些老化的幹細胞當中，發現它們的粒線體就像是老弱殘兵，正氣喘吁吁在想辦法提供幹細胞能量呢！只是粒線體的功能不強，所能提供的能量也不如預期。

在這項研究，指出細胞內部沒有健康粒線體的幹細胞，它內部的離子濃度與氧化壓力也不正常。

透過這項證據，可以指出粒線體是老化的重要指標，粒線體掌握著細胞老化的關鍵。經過這些年，終於找到老化的潘朵拉盒子。

我這樣算老了嗎？跟老化有關的症狀

你一定見過健步如飛的老人，如果要讓座給他們，可能還要考慮半天；也可能看過腰酸背痛的老人，連走個樓梯都嫌困難，寧願不出門。

老化，也有不同的狀態。

老化不等於疾病，但有些疾病的確是跟著老化而來的，這些疾病不

一定會發現在老人家身上，但至少，它們會發生在老化的細胞上。

在這些老化細胞裡的粒線體，出現跟年輕細胞不同的變異，無疑為身體蓋下了戳章。粒線體的變異，也就成了老化的指標。

想要延緩老化，除了抗氧，維護粒線體的功能，也能夠延緩老化所帶來的症狀或疾病。

有些症狀，不一定是疾病，卻尾隨老化而來，通常它降臨時，也讓人驚覺年紀真的大了！

每個人都會面臨老化，台灣社會也逐漸走向高齡化，長照的議題，越來越為人重視，那些跟著老化而來的疾病，也不免令人擔憂。畢竟，不論是家中的長者或是自己，都有可能面對這些所謂的老化疾病。

▶▶ 肌膚鬆鬆垮垮──皺紋

有關老化，第一個顯示出來的，可能就是皺紋了。

我們每個人都會照鏡子，臉部的皮膚究竟是老化還是健康，第一眼就能夠看得出來。

小孩子的皮膚不僅紅潤，而且具有彈性，就像是蘋果，忍不住讓人想咬一口，而青少年的皮膚也充滿著膠原蛋白。

老化之後，不管是魚尾紋還是法令紋都開始增生，即使年歲尚輕，但看起來就是具有老態。三、四十歲的人如果不懂得照顧肌膚，皮膚的狀況不一定比勤於照護的五、六十歲的人來得好。

皺紋的增生除了因為細胞老化的關係，在紫外線的影響下，也會加速皮膚老化，所以外出的時候，記得擦點防晒產品，不一定為了美白，至少它可以保護你的肌膚細胞，避免黑斑及皮膚癌。

▶▶ 日漸稀薄的色素——白髮

不管是什麼髮色，一頭亮麗潤澤的秀髮，往往代表了年輕與活力，洗髮精的廣告，更是將之發揮得淋漓盡致。

然而，不論頭髮的原始顏色是什麼，最後都會褪色，這是因為老化之後，頭髮的色素開始減少，成為一頭灰色或白色的頭髮，也因此，白髮成為了老化的象徵。

不僅女性，男性對於頭髮也很在意，不只髮色，髮量的稀疏也往往在年歲增長到來。

頭髮雖然不會生病，但是頭皮會，人們對它的重視也不亞於肌膚，希冀健康的頭皮，有健康的秀髮。

▶▶ 雙眼茫茫看不清——老花眼

有些老人家在看書的時候，會下意識的瞇起眼睛，即使戴上了眼鏡，也不一定在正常的焦距上，因為他們的視力已經有所改變。

這些人年輕的時候，視力可能1.0，就算字跡小如米粒也能輕易看出來，排除掉因為接觸大量閱讀或3C產品的因素，大多數的人在45～50歲，開始罹患老花眼，近距離的事物看不清楚，反而要拿遠一點才看得到。

就算它不是疾病，也為人們帶來困擾。就算再不服老，視力的變化也不得不讓人正視起老化。

除了老花眼，因為老化而讓眼睛產生不同的疾病機會也大增，像是白內障、黃斑部退化，都跟老化有關。而這些都是因為視網膜周圍血管的異常生長，還有代謝系統的變化所引起的。

▶▶ 聲音越聊越遠 —— 重聽

你可能有過這樣的經驗，在捷運或是公車上，手機鈴聲響起，一個老者接起電話，扯開喉嚨講話，不只電話那一頭，全車的人都聽得到老人的聲音。

有些老人家的耳朵不太好，因為聽力退化，就不自覺得提高嗓門，以為這樣雙方才聽得到，這些老人並非刻意如此，而是他們的耳朵退化。這些老人家雖還保有聽力，但聽力已經在走下坡。

根據研究，超過75歲以上的老年人，有一半以上聽力都會衰退，這讓他們在跟人交流時，會有些輕微的困難。

並非所有的生物都如此，魚類、鳥類和兩棲類能夠再生耳蝸[2]感覺細胞，就沒這個困擾，而哺乳動物，像是人類就沒有這種能力。

下次，如果你再遇到老人，要跟他們對話時，不一定要聲嘶力竭，可以走到他的耳邊，將要述說的事情緩慢而清晰的再講一遍，就不會臉紅脖子粗，說話像是在吵架了。

▶▶ 行動怎麼卡卡 —— 關節炎

年輕時，無論怎麼追趕跑跳碰，都沒有關係，甚至爬上爬下都沒有問題，年紀漸長後，就會發現雙腿已經開始無力，甚至連爬個樓梯都嫌困難。因為出門就要走動，有些老人家不大喜歡出門，也有可能和關節炎有關。

在一般與老人家同住的家庭中，如果有二樓以上的房子，一樓大多留給老人家生活起居，也是為了他們的方便。

其實不只雙腿，就連肩膀痛、手麻，也都有可能是關節炎，它是一

2　位於耳朵內部的構造，外形像蝸牛殼而得名，是使人體產生聽覺的重要部位。

種退化性的疾病，尾隨老化而來。

每個人都可能會患關節炎，大致上來說，女性的生理構造，因為要生孩子的緣故，所以骨盆比較寬，但相對的，患關節炎的比例也比較高。男性也會得關節炎，籃球巨星麥可喬登因為大量的使用雙腿，退化性關節炎在他四十歲左右時就來報到。

雖然關節炎會讓身體不舒服，不想走動，但也不能完全不運動，尋求正確且適合自己體能的運動，可以讓關節周圍的肌肉、韌帶有力量，並且能夠減緩肌少症[3]。

▶▶ 忘東忘西好尷尬──記憶力下降

出門後，忘了將鑰匙拿出來，把自己反鎖在門外；或是買東西的時候，忘了帶錢。這些尷尬的窘境，會讓人擔心自己是不是失智了？

雖然說有時候忙過頭，也會發現這種狀況，不過隨著年紀越大，記憶力下降的比例也逐漸增高。

究竟是記憶力逐漸喪失，還是「失智」，後者得經過詳細的評估，才能下定論。畢竟失智症的範圍很廣，從輕度的認知障礙，到中重度的阿茲海默症，都在失智的範圍。阿茲海默症會伴隨失智，但記憶力的下降和智力的衰退不能一概而論。

扣除掉罹患阿茲海默症、帕金森氏症等疾病的患者，記憶力有可能因為老化的關係而衰退。

---

3 人體肌肉從 30 歲開始，會以每年 0.5-1% 的速度減少；40 歲過後，肌肉量則以每 10 年 8% 的速度流失；70 歲後，更以每 10 年減少 15% 的速度加速流失，「肌少症」是老年失能的兇手。

▶▶ 日漸狹窄的血管──動脈粥狀硬化

遊樂場有許多設施，在較刺激的遊樂設施前面都會設置一些警語，提醒年紀過大，或是心血管方面有疾病的人，不適合搭乘。畢竟，年紀大了之後，心血管方面較容易出狀況，動脈粥狀硬化就是如此。

動脈粥狀硬化是粥狀斑塊堆積在血管壁，而讓血管變得狹窄的疾病，就像水管裡頭如果有阻塞，這條血管就不暢通，或是容易出問題。

動脈粥狀硬化會延伸出許多的心血管疾病，像是中風和心肌梗塞，發生的頻率也多落在中老年人的身上，是故被視為衰老疾病。

所以年紀大了之後，不論在飲食和運動都要多加注意，找出適合自己的生活模式，保養自己的心血管，讓心臟跳動得更久一點。

命中早註定？還是錯誤造成的老化？

老化並非一成不變，有很多的因素會造成影響，就算在同樣的條件下，只要更改其中一個因素，久而久之，也會造成不同的結果。

一個懂得保養身子的人，跟什麼也不做的人，短期或許看不出來，長期便可看出差距。

同樣的年紀，有些人看起來就比較蒼老，有些人看起來較年輕，後者除了天生麗質，後天的保養也有差。就算是一對雙胞胎，老化的狀況也不一定一樣。

更不用說，在我們的生活周遭充滿了外在刺激，像是陽光、空氣、飲水、毒物、病毒等，如果沒有加以保養，老化的速率也會加快。

而在內在方面，如果壓力一大，交感神經和副交感神經[4]作用不當，影響粒線體的功能，人也會老得很快呢！

老化的因素很多，而且充滿變數，同樣的歲數，同樣的性別也可能有不同的老化速度。

▶▶「錯誤累積論」與「基因決定論」

在學界裡，認為不管是因為內在，或是外在的原因，這些種種的因素累積起來，都會影響身體的細胞，進而導致個體死亡，這是所謂的「錯誤累積論」。

這一派在看待老化傾向於因果論，老化雖然是不得不的趨勢，但眾多的錯誤因素卻是推動生命走向老化一途。

而另外一派則認為老化是註定的，不可逆轉的。

這一派的人認為當生命誕生之際，何時老化，老化到什麼程度，都已經在基因裡寫好了。也就是時間到了，就會推動老化，聽起來頗有宿命論，這一派是「基因決定論」。

不論是錯誤累積論，還是基因決定論，都承認我們的細胞處在高氧環境，會被「氧化」也是必然的。

▶▶ 老化與性別

在所有研究壽命的記錄當中，有一項有趣的發現，就是女人的壽命都比男人還要來得長。

難道老化跟壽命，會因為性別而有差別待遇嗎？

---

4 自主神經系統由交感神經與副交感神經共同組成，大部分的器官受到兩者的合作支配，交感神經一般控制與興奮相關的行為；副交感神經負責身體休息時的消化、繁殖等行為。

澳洲的蒙納許大學以及英國的蘭卡斯特大學，曾經進行過一項有趣的實驗。他們分析了13組的果蠅，這些果蠅有公有母。

研究人員發現，如果這些果蠅的粒線體DNA產生變異的話，這些變異對母的果蠅沒什麼影響，公的卻會。

也就是說，這項實驗發現果蠅的粒線體DNA如果有突變，而且對母果蠅有害的話，就會被淘汰；如果這種突變對公果蠅有害，對母果蠅卻沒什麼影響，這種突變就會遺傳下來。

莫非老化的突變會因人而異，甚至是性別？

那麼，男性跟女性的身體，究竟是什麼原因，而進行或是抑制這些突變？而這些影響突變的要素，又居於我們體內的哪一部分？

老化的成因很多，這篇果蠅的論文也只是從粒線體的角度提供一些見解，至於人類壽命與性別的關係，還需要更多更精準、更貼近人類的實驗與數據，來為老化做註解。

老化帶來的不只是衰退，還有疾病，即便年紀增長，老化開始侵襲著我們，但更需要重視的是，心靈上也要避免老化。

30秒 讀懂粒線體

A. 我們的體內有抗氧化機制可以對抗自由基，但隨著老化，這些清除自由基的酵素也會減少。

B. 老化的證據都在粒線體的DNA裡，這裡的變異不一定會產生疾病，卻是老化的指標。

C. 許多症狀會跟隨著老化而來，雖然不至於危及性命，但會影響到生活。

D. 老化有很多因素，不論是內在還是外在，都帶領生物走向老化一途。

Chapter 4

罷工的發電廠？論疾病

變調的DNA——粒線體疾病

在還沒發現粒線體疾病之前，有些疾病被認為異常，卻又找不出治療方式，讓患者深受苦惱。

第一篇正式的粒線體疾病報告，是在1959年，一名27歲的瑞士女性，不論她怎麼大吃大喝還是很瘦，後來才發現她的代謝很快，怎麼吃都吃不胖，聽起來似乎是好事？

但是她的代謝異常，讓她即使處在冬天也滿頭大汗，生活備受困擾，最後才發現是粒線體異常。

除了國外的案例，國內也有罹患粒線體疾病的患者。曾經上過新聞的「荊棘姐妹花[1]」，姐姐直到七歲都不會講話，也無法正常走路，而妹妹出生一歲多後也開始接受治療。

而另外一名粒線體疾病的患者，在短短五年內，就出現過三次的腦

1　荊棘姐妹花的姐姐彤彤、妹妹瑄瑄，雙雙罹患無法根治的罕見粒線體疾病，姐妹倆的母親在臉書創辦「荊棘姐妹花」粉絲專頁，盼女兒們像荊棘中的花一樣頑強、絢爛，不向命運低頭。

中風，做過腦部核磁共振造影檢查，仍然找不出病因，加上患者還有二型糖尿病、心律不整等，這些看似無關的症狀，最終確認是粒線體疾病。

這些只是粒線體疾病的一些例子，冰山一角，在罕見疾病基金會中，因為粒線體突變而飽受病魔折騰的不在少數。

▶▶ 突變的粒線體DNA

只要一提到粒線體，就想到它是人體的發電廠，是能量的來源，聽起來就像武俠小說中提到的天山雪蓮，得到它之後，就可以得到滿滿的元氣，功力立刻增長一甲子。

然而，如果遇到變質的天山雪蓮，會發生什麼事？

粒線體一旦缺失或是毀損，原本應該正常製造能量，效能可能也開始異常，如果再嚴重一點，像是工廠裡的工人，開始瘋狂砸著重要設備，產能勢必受到影響，這時候，我們稱為「突變」。

這裡談的突變跟老化的突變是兩回事，在這個章節談的是疾病。粒線體的基因一旦突變，而且長期累積的話，就可能造成疾病。

當然粒線體的DNA不會立刻突變，它是經過長期的毀損影響，如同溫水煮青蛙，錯誤不斷積累，在這當中，如果無法自我修復，最後，DNA終於變質。

這時，會影響到細胞的整體表現。

▶▶ 讓人不安的粒線體疾病

粒線體疾病讓人不安，是因為它不像感冒，接受治療就會痊癒，它發作的時間不一定，症狀也不同，隨著年紀增長，只會越來越嚴重。

更糟糕的是，粒線體疾病剛開始發作的時候，你並不一定知道那是

粒線體疾病。就像那名瑞士女性，在尋求醫學幫助之前，她已經承受了長期的痛苦，旁人看她可能覺得沒有什麼，只有她才知道其中的苦楚。

而年紀輕輕就中風過三次的那名患者，即使透過腦部核磁共振造影檢查，也還不能明白身體為什麼這麼糟糕？

目前我們對於感冒十分熟悉，但對於粒線體疾病，除了知道它是因為變異之外，無從下手。

再者，粒線體疾病顯現出來的症狀都不盡相同，像慢性進行性眼外肌麻痺症的患者，旁人可能覺得他們的雙眼無神，以為是他們沒睡飽，但睡飽並不能解決症狀，因為這是一種疾病。

▶▶ 多系統的影響

雖然說是粒線體突變，但所顯示出來的症狀，並非相同。還得看粒線體的突變，是身體的哪一部分結構異常，而突變的粒線體又位於人體的何種器官，這些都會顯現不同的疾病。

有的粒線體疾病只會影響單一器官，不過，大部分的粒線體疾病卻會影響多個系統。

像凱恩斯沙耶氏症候群，罹患此種病的患者，他們的視網膜會產生變化，但是，他們的心臟也會有問題。

這可能讓人有點詫異了，眼睛的病變竟然也影響到心臟？

也因為如此，所以在判斷究竟是何種病症時，只得靠醫生的專業及經驗，為病人解除痛苦。

目前發現因粒線體突變而導致的病變，可能落在中樞神經系統[2]、骨骼肌等，而人體的肌肉、心臟、腦部、骨髓、以及內臟器官，所顯露

2　中樞神經系統包括腦與脊髓。

細胞大電廠
粒線體的奧祕

出來的症狀也都大不相同。

至於有沒有藥物，能夠一次性解決粒線體所有的疾病，這是個目標，但到現在還沒有一個很好的方法改善，只能想辦法減輕患者的痛苦及症狀。

隨著粒線體的益發重視，不論是醫生還是科學家，都對粒線體投入了不少心力，我們希望在未來，這些患者可以不再因為粒線體的疾病而感到困擾。

人體的發電廠罷工了？粒線體的突變及原因

一個人最基本的願望，便是平平安安、健健康康，身體若是沒有疾病，人們也得以好好渡過每一天，同時生活也有品質。

身體感到不適，不只會影響生活及工作，可能因為生病請了一天假，當天的約會就得取消，薪水也就飛走了。

輕微的疾病像是感冒，讓人感到難受，不管是頭昏腦脹，或是發高燒、全身痠痛、流鼻水等，這些症狀只要多喝開水多休息，或是吃醫生開的藥，就會覺得好很多。

但是當你復原之後，原本的健康會回來，也能夠好好工作，而罹患粒線體疾病的人，痛苦卻伴隨著每一天。

在這些人的體內，粒線體雖然在運作，卻不斷折騰著患者，不禁讓人想問，難道它們不能好好工作，非得作怪嗎？

▶▶ 自由基與呼吸鏈

前面已經提到，在正常的狀況下，完整的呼吸鏈能夠完成ATP的產生過程，這是呼吸鏈的SOP都處於正常，不受干擾的情況下。

那，如果呼吸鏈遭到破壞呢？

呼吸鏈好好完成工作，不是理所當然的事，畢竟當自由基大量生成，而且無法代謝時，就會傷害我們的身體。

當粒線體因為自由基的攻擊而產生變異，這時候還繼續運作，就有可能為人體帶來不良影響。就像一台老舊的車子，如果硬要它上路，就得面對拋錨的可性能。

這時候基因被破壞的嚴重性，已經不只是老化，而是產生疾病了。

那這些大量生成的自由基，也就是粒線體的疾病形成原因，因素太多了。外在的因素像是不良的生活習慣、還有飲食不均衡等。而內在的因素，像是壓力，還有遺傳。至於遺傳這部分，別忘了前面提到的母系遺傳，有些粒線體疾病從母親這部分而來。

至於粒線體疾病的輕重，還要看是粒線體基因的哪一部分，或是結構出了問題。

▶▶ 異變的DNA

突變之後，粒線體的DNA也跟以前不一樣了，就像一個國家，敵人突然闖入，雖然國家還不至於完全瓦解，但政治局面跟以前已經不同了。

而在DNA裡頭，也有我們所看不見的變化，而這一系列的變化像是傳送編寫蛋白質的序列，還有RNA轉錄的過程中都有可能出現問題。想想，如果由敵人接收自己國度的軍隊會怎麼樣？

編寫蛋白質的序列一旦錯誤，錯誤的命令被送到了核糖體，核糖體不會去校對，通常是直接執行任務，開始製作蛋白質。

蛋白質還是蛋白質，但命令既然是錯的，製造出來的蛋白質在合成上也不一樣，而這些變異的蛋白質對人體有什麼影響，誰也說不得準。

如同軍隊原本就是要執行任務，但如果指揮中心局面已經生變，將領接受命令的過程中發生錯誤，任務勢必變質，對整場戰事不但無益，而且有可能引起更大的糾紛。

在這些異常狀態下，如果粒線體還繼續運作，就像軍隊收到錯誤的命令，攻擊的方向錯誤，沒有打到敵人，反傷及無辜的人民。

粒線體出了狀況，身體自然也深受影響。

▶▶ 不斷累積的突變

粒線體疾病不光只是粒線體本身出問題，凡是影響到粒線體功能蛋白質產生異變，而導致的蛋白質突變，不管是蛋白質本身，或是輸送命令的過程中出現問題，通通歸類為粒線體疾病。

粒線體疾病也不是有了突變就會馬上致病，人體還有代謝及自我修復的功能，但有它的負荷程度，超過負荷，就會有變異，而突變通常會積累到70%以上，才會造成疾病。

可能導致突變的外在原因，人們尚且能夠控制，至於原本就存於粒線體本身的突變，就比較麻煩了。

而一般來說，運動過後，我們的體內會堆積乳酸，然而，就算粒線體疾病的患者即使什麼都沒做，他們的血液也會堆積乳酸，肌纖維會受損，形成「破碎紅纖維」。

▶▶ 角落的變數

粒線體發生突變，就一定會有很大的影響嗎？其實，還得看位置。如果發生在能量需求量較大，粒線體較多的的器官發生基因突變，就會導致較為嚴重的疾病。

像是肌肉的粒線體如果出現突變，會發生各種不同程度的病變；眼

睛的話有可能像是眼瞼異常下垂；腦部有像頭痛、神經失調、半身癱瘓等症狀。

　　而神經退化的帕金森氏症，有很大的原因也跟粒線體基因突變有關，雖然目前我們明白它跟粒線體突變有關，但醫學界還在研究如何精準治療，讓帕金森氏症不再令人感到恐懼。

　　目前在國內已知的粒線體疾病有五十多種，受粒線體疾病所苦，以及關心粒線體疾病的人組織起來，共同對抗粒線體疾病所帶來的痛苦及困擾，在治療罕見疾病的路上找到力量。

　　粒線體疾病不是目前人們所能控制，它的成因落在體內最微小的部分，卻影響至深。而粒線體疾病的症狀，也和其他疾病的症狀類似，這也讓醫生在診療的過程中得費更多心思。

對「症」下藥？粒線體疾病療法

　　粒線體突變會產生疾病，但也不用過於緊張，因為少數粒線體的損壞，尚且不會有大毛病，會引起粒線體疾病，通常都是已經損壞到無法修復。

　　就像覺得眼睛不舒服而去檢查視力，當醫生通知患者已經近視，在這之前早就視力不良許久了。

　　乳腺癌患者發現身子有硬塊時，前去就診，而在這之前，硬塊的產生可能只有米粒般大小，等到察覺有異，也都相當明顯了。

　　眼睛、乳腺癌等疾病，或許能利用觸感或是視力的變異而察覺，然而，粒線體會突變到什麼地步，才會造成疾病，一般人無法得知，通常都是發現不對勁，才去求醫。

　　在這裡，我們提的都是一些比較嚴重的粒線體疾病，像是：雷伯氏

遺傳性視神經萎縮症（Leber's hereditary optic neuropathy，簡稱
LHON）、慢性進行性眼外肌麻痺症（chronic progressive external
ophthalmoplegia）、凱恩斯沙耶氏症候群（Kearns-Sayre Syndrome）、皮爾
遜綜合症（Pearson marrow-pancreas syndrome）、粒線體腦病變／乳酸血
症及類中風症狀（MELAS）等。

　　嚴重的粒線體疾病當然不只於此，我們只是拿一些出來做討論。這
些念起來有點拗口，陌生，感覺離我們遙遠的疾病詞彙，使患者深受其
苦惱，雖不至於立即危及性命，但可能隨時籠罩在死亡的陰影中。

　　在台灣，目前已知約有300～400個家族有粒線體基因缺陷，而全
球跟粒線體相關的疾病約1/8500。

　　既然粒線體有缺失的話，為什麼當初的胚胎還能安然成長？

▶▶ 粒線體的散布

　　當精子遇上卵子時，成為新的生命，而粒線體也分散在不同的細胞
中。

　　受精卵能否成功長成胚胎，得要看它的營養是否足夠，有可能在這
個胚胎當中，營養是充足的，但是這個擁有十萬個粒線體的卵子當中，
突變的粒線體在胚胎成為嬰兒時，它們被分配到不同部位。

　　這些被分配到不同部分的粒線體，是有一套法則，或是隨機，尚不
知道，可以知道的是，假設這些突變的粒線體，被分配到代謝旺盛的組
織，這個小生命誕生後，就會受粒線體疾病所苦，像是心肺等。

　　但若這些突變的粒線體，被分配到代謝活躍較低的器官，像是皮
膚，可能沒什麼事。

　　所以會發現，即便一個家族當中，所有的人都擁有同樣的粒線體突
變基因，但父母親並不一定會跟孩子一樣發作。

▶▶ 對「症」下藥

粒線體疾病，目前是無解的，想要治療粒線體疾病，目前採取的是對「症」下藥。

這個對「症」下藥，並不是所謂的粒線體疾病，而是著重於在病情發作後的「症狀」，而非病根，就像頭痛醫頭，腳痛醫腳，如果你頭痛的話，給予止痛藥當然可以減緩疼痛，但卻不著根本。

想要除野草，最好的方法就是把「根」拔起，目前粒線體疾病的藥物治療，就有點像哪邊長野草，就將它割除，根本的問題無法解決。

不得不承認，目前的藥物無法澈底治療關於粒線體缺陷的疾病，是較大的問題。

像粒線體疾病常有類中風的症狀，發作的話，也跟一般的中風頗類似，但它是暫時性的，而且治療方式是給予能量，和治療一般中風的方式不同。

目前粒線體疾病的治療方法，利用減緩症狀來讓病人好過一點，雖然可以暫緩痛苦，但想要恢復健康，還是得從病根下手。

▶▶ 粒線體疾病的治療方式

治療粒線體疾病的困難，在於目前的技術，沒辦法有效的將藥送到有問題的粒線體，而粒線體也不像心臟或腎臟可以個別移植。

如果真的有機會將粒線體取出治療，恐怕是個相當大的工程，而且還要跟它們的宿主打個招呼，治療粒線體真的不是件簡單的事。

而人的體內擁有那麼多的粒線體，除了沒辦法取出，因為粒線體突變產生的疾病而顯露的症狀，不一定代表是那個部位的粒線體出問題。

就像凱恩斯沙耶氏症候群，罹患此種病的患者，他們的心臟也會有

問題，但病根卻不是在心臟。

所幸，在科技進步的世代，科學家仍然找到了一些療法，這也讓治療粒線體疾病露出一線曙光。

有些患者在使用輔酶Q10之後，覺得效果不錯，Q10也更為人所注意。

Q10不只在治療粒線體疾病，對於抗老、心臟病也頗有效果。

除了Q10，科學家也會將一些小分子藥物，像是酵素、維生素、輔酶Q等，利用維生素E送達粒線體，藉以改善粒線體。

Q10在治療粒線體疾病上的效果，引人注意；而利用蛋白質治療也是一個方式，這是利用不同的蛋白質，以提升或抑制突變粒線體的功能。

原本這項技術有一些限制無法突破，現在已經找到方法，像是利用細胞穿膜胜肽可以將不同的蛋白質送到粒線體。

而最後一種，將利用健康的粒線體，注入有缺陷的粒線體的細胞中，也是治療粒線體疾病的一種方式。

▶▶ 粒線體置換術

粒線體一個很大的特徵，就是「母系遺傳」，粒線體疾病也是母親這邊遺傳下來的。是故，想要預防遺傳疾病，從源頭開始導正的「粒線體置換治療」也是一種方式。

簡單來說，就是將功能正常的粒線體，送到功能缺損的粒線體所居住的細胞當中，利用健康的粒線體來執行缺損的粒線體所不足的功能。

在引言當中提到的不孕治療，還有因為先天性心臟病停止心跳的女嬰，都是利用這種療法。

移植粒線體這個新療法，重新改變了命運。

所有的命運不再是既定，可以利用「人造」誕生，科學可以創造奇蹟。

只是這部分也有些倫理道德上的爭議，特別是在治療不孕症上，就遭到一些議論。

醫學的創新跟倫理產生衝突，就像桃莉羊，也是一直為人所討論的議題。若是不著重在道德，單純以醫學、科學及創新的眼光來看，粒線體置換術的確是可以改變生命的瑕疵，帶來不同的局面。

不孕症的新選擇──「粒線體置換術」

二十億年前，粒線體出現了。

粒線體進入到細胞，促使真核細胞的演化，在宿主身上，粒線體與細胞互相合作，得到了更大的生存空間。而在現在的世代，想要孕育生命，從粒線體著手也是一個方法。

男女結合之後，會孕育生命，然而，不是所有的婦女都能夠順利生育，因女性才擁有子宮，所以如何懷孕，便成了許多不孕症婦女的困擾。

不孕的原因有很多，不一定都是女方的問題，男方也有可能是導致不孕的原因。

如果男女雙方都沒什麼問題，同時也將所有可影響的外在因素都剔除，還是無法懷孕，很可能就需要考慮卵子粒線體的功能不良。

即便身體功能健全，卵子無法健全的受孕，也跟粒線體有關。可能是本來就功能不良，也有可能是因為粒線體的老化，這時候利用新的粒線體進行修補是一個新的方法。

在這種概念下，「三親嬰兒」誕生了。

▶▶「三親嬰兒」

一個父親、兩名母親，聽起來有點不可思議，孩子長大之後，到底要叫誰媽媽呢？即便在多妻的時代，孩子的母親是誰，也都相當清楚，而三親嬰兒卻有點顛覆認知。

生命是由一顆精子和一顆卵子結合而成，兩名母親的話，這顆卵子要如何由兩位母親提供呢？

「三親嬰兒」是一種輔助性的生殖技術，利用粒線體置換術（mitochondrial replacement therapy, MRT），將母親的卵子注入從捐贈者卵子當中取出健康的粒線體，再和精子結合，最後，成功的孕育出性命。

國內人工生殖權威李茂盛在1999年就已經開始研究利用粒線體置換術，為不孕的婦女謀福利，至2001年為止，15人當中有12名成功懷孕。

除了台灣，一個罹患萊氏綜合症[3]（Leigh syndrome）的婦女，2016年在墨西哥也是利用粒線體置換術產下了一名健康的男嬰；2016年，烏克蘭團隊也表示有兩名成功的案例。

這樣的方式，不免讓人疑慮，誰才是孩子的真正母親？

事實上，細胞核的DNA仍然來自孩子的父母，只是利用捐贈者的粒線體，讓這個受精卵正常健康的長大。

粒線體置換療法並沒有改變細胞核的基因，照理說，不用擔心生出來的孩子會像另外一個女人。倒是因為粒線體母系遺傳的特質，所以小孩是否健康，還有壽命，都跟粒線體的來源較相關。

另外，也有人憂慮的是這個來自第三方，也就是第二個母親的粒線

---

3 因粒線體基因突變或缺乏電子傳遞鏈的酵素，導致患者行動能力退化的疾病，好發於3個月至2歲的幼兒，機率約 1/77000。

體，會不會對生命造成不可知的影響？而這些影響是好、是壞，都還是個問號。

▶▶ 通過粒線體置換術（MRT）療法的國家

在卵子上擁有第三個人的粒線體DNA，這讓粒線體置換術在倫理道德以及宗教上，都是前所未有的挑戰，且極具爭議。

再者，以合法性來講，通過粒線體置換術療法的國家並不多，即便台灣已經擁有這個技術，卻也因為法規關係而限制發展。

而第一個通過粒線體置換術療法的國家，是英國於2015年通過。以色列和義大利也有此技術，要看條件才能使用，而新加坡也有可能成為第二個通過粒線體置換療法的國家。

至於當初國內的三親嬰兒，也都長大了，為他們的父母帶來喜悅，以及見證科學的進展。

生命的存在，本身就是一個驚奇，如何讓科技的進步，與醫學倫理達到一個平衡，恐怕還是一個極大的考驗。

這些疾病也跟粒線體有關

若是體內擁有缺陷的粒線體，什麼時候會發作疾病，無從得知，有些人可能短時間內沒有發病，但體內始終存在著缺陷的粒線體；有些人年紀輕輕就開始發病，伴隨一生。

這些位於人體內的不同部位，不同的粒線體突變，發作時或輕或重，都影響健康。

這些粒線體疾病，究竟是時間到了就發作，還是因為其他因素而誘發，也都讓人關心，這些突變的粒線體導致的疾病，不僅消減患者的體

力，也為生活帶來不便。

更甚者，因為疾病而造成粒線體疾病患者的心理問題，也值得注意。許多捉摸不定的疾病，在還不明白是粒線體的關聯，知識又較封閉時，可能會被認為是鬼神之說。

若是能夠明白緣由，承認它是一種疾病，雖不至於迎刃而解，但起碼在治療上有了方向。

密切跟醫生配合，加上藥物的控制，也能夠緩和病情，為病人帶來平靜的生活，藉由藥物讓身體充飽能量，也能夠暫停發病。

雖然目前沒辦法治療粒線體疾病，但粒線體疾病因為粒線體功能缺損，能量也會逐漸減少，所以在治療方面，會以補充粒線體的營養為主，同時也避免接觸危及粒線體的物質。

不論是外在還是遺傳的原因，造成粒線體的DNA突變，或是缺失基因，想要矯正功能失調的粒線體，還是有賴科學、醫學的相互合作。

因粒線體缺陷而導致的疾病不一，而讓人陷入困惑，在書內介紹幾種遺傳性粒線體疾病，便是人類為了對抗疾病，經由努力合作所獲得的初步了解。

▶▶ 帕金森氏症

有些老人家在拿杯子的時候，可能會因為手部顫抖，而讓杯子掉到地上；也有的老人家可能在走路的時候，常常跌倒。

即使提醒這些老人家多注意一點，仍不一定有用，因為他們可能罹患的是帕金森氏症（Parkinson's disease）。

提到帕金森氏症，輕微者如手部顫抖，嚴重者已經無法自己活動，需要人家攙扶，或是無法自行照料生活起居，有些人會將它跟失智症劃上等號。

嚴格來說，帕金森氏症是一種「神經退化」的疾病，它是一種影響中樞神經系統的慢性神經退化疾病，最主要是動作會出現障礙，失智約到後期才出現。

　　患有帕金森氏症的人不一定是年紀大的人，而患者身體卻會加速老化，好發年齡平均都在50歲以上。

　　著名的美國演員米高福克斯在三十歲之後，就被診斷出患有帕金森氏症；拳擊手穆罕默德‧阿里，在罹患帕金森氏症32年後去世。

　　這些罹患帕金森氏症的人，有的還在世上，有的已經去世，伴隨著他們的名氣，或是利用他們的影響力，讓帕金森氏症更廣為人知。

　　罹患帕金森氏症的人，會覺得身體已經不像是他們自己的了，他們的肢體會不受控制，讓他們在行動時，看起來也很奇怪，而靜止時，身體還會不自主的顫抖，肢體僵硬，嚴重的帕金森患者還會伴隨失智。

　　帕金森氏症也不是現在才發現的疾病，中國和印度的文獻中，都有記載這種病的症狀。直到1817年，英國的醫師詹姆士‧帕金森在他的論文當中詳細的記錄六個病例，讓大眾注意到這個疾病。

　　科學家在發現帕金森氏症的成因時，發現除了遺傳，粒線體功能障礙也是成因之一。

　　多巴胺神經細胞是腦部產生多巴胺[4]的重要細胞，而當多巴胺神經內的粒線體產生功能障礙後，便會逐步導致多巴胺神經細胞死亡，當多巴胺神經細胞死亡就無法分泌足夠的多巴胺，進而造成腦部神經傳遞的異常，最後引發帕金森氏症的發生。

　　為了治療帕金森氏症，平常的運動飲食保健自不用說，而藥物方

4　多巴胺是一種化學傳導物質，會傳遞大腦的興奮、開心的訊息。多巴胺不足或失調會使人失去控制肌肉的能力，或導致注意力不集中等。

面，給予多巴胺原料左多巴（L-DOPA），還有多巴胺激動劑治療，另外還有腦深層刺激手術，但這些都不是根治的方法。

而在近年，美國賓州大學的研究團隊發現粒線體中的酵素CYP2D6說不定是帕金森氏症的解決方式。

他們透過研究，表示過往將重心放在單胺氧化酶B（monoamine oxidase B, MAO-B）的方向不對。MAO-B是一種在粒線體外膜的酶，它能夠調節生物體內胺的濃度。

我們的身體如果要活動的話，是由大腦下達指令，透過神經才能夠傳到每個角落。就像一間公司，如果要執行命令的話，從控制中心發出的指令，傳達到各個部門，公司才能夠運作。

如果中間這些神經出現狀況，指令傳達錯誤，甚至收不到命令，就無法進行運作。

也因為帕金森氏症呈現出來的症狀，多是肢體不協調，或是無法按照自己的意識活動，就會讓人認為是因為體內神經傳遞不正確，而一直往MAO-B這部分研究。畢竟，MAO-B它能夠調節生物體內胺的濃度。

這方面不能說完全不正確，然而，在近代研究中，發現到影響小老鼠出現類帕金森氏症的酵素，其實是CYP2D6。

在近代研究中，我們提到粒線體的疾病可能是跟蛋白質有關，在進行這個實驗時，他們發現如果抑制CYP2D6酵素時，帕金森氏症的症狀反而減少。

CYP2D6是人體中最重要的代謝酶之一，它的主要作用落在肝臟，並且也作用在中樞神經系統中。

治療帕金森氏症又有個新方向，而不用再苦於無法突破MAO-B的研究。

研究人員發現能夠抑制CYP2D6酵素的成分，是一種存在於蛇根木

（R. serpentine）的植物鹼——四氫蛇根鹼（Ajmalicine），倘若這個結論正確，實驗成功的話，治療帕金森氏症又進入一個新的里程碑。

還記得我們前面提到的粒線體移植療法嗎？透過將健康的粒線體送進多巴胺神經細胞內，將損傷的粒線體進行置換，進而使多巴胺神經細胞回到正常的狀態，使多巴胺的表現恢復正常，達到改善帕金森氏症的效果，或許是另一種值得期待的治療方式。

每年的4月11日定為世界帕金森氏症日，就是為了讓全球都能注意到帕金森氏症帶來的影響。

每個人都會老化，而帕金森氏症也跟老化有所關聯，帕金森氏症並不是只有老人才面對的議題，任何人都可以共同關心它。

▶▶ 失智症

陳媽媽跟女兒說，剛才她買菜回來後，就找不到鑰匙了，女兒剛從冰箱取出鑰匙交給她，電鈴聲就響起來了。

開了門，兩人見到隔壁許先生的兒子，焦急的詢問有沒有見到他的父親？因為他一醒來，就沒有見到自己的父親。

社會新聞中，有時候會看到老人找不到回家的路，要不然就是忘掉自己的名字，陳媽媽也很擔心，自己會不會成為這種老人？這些失智的老人，在照料上需要格外的注意。

失智症（Dementia）是腦部疾病的一種，分為好幾種類型：

A. 阿茲海默症（Alzheimer`s Disease）

B. 額顳葉型失智症（Frontotemporal lobe degeneration）

C. 路易氏體失智症（Dementia with Lewy Bodies）

D. 血管性失智症（vascular dementia）

以退化型失智來說，常見的阿茲海默症就是其中一種。

在一份研究當中，想要知道自己有沒有阿茲海默症，可以透過血液檢測。在這項研究當中，發現了有兩種微型的RNA，跟前類澱粉蛋白質的生成有關，而前類澱粉蛋白質已經被證實是阿茲海默症的原因之一。

也就是說，蛋白質跟阿茲海默症是有關聯的，從這部分下手的話，就可以提早做準備。

另外，瑞士的巴塞爾大學研究團隊，發現腦神經細胞如果能夠避免壓力，就有可能預防失智症。

巴塞爾大學的實驗指出，當腦細胞內的粒線體感到壓力時，腦細胞就會分泌出一種纖維母細胞生長因子FGF21。這個生長因子FGF21的濃度如果超過標準，就有可能是一個人的記憶以及認知已經受到影響了。

就像陳媽媽因為債務的關係，這個壓力已經跟著她二十年了，腦神經也遭到壓迫，而生長因子FGF21就會不斷的釋放出來。當然失智可能還有其他原因，但在粒線體的研究當中，生長因子FGF21卻不容忽視，所以在預防失智症，或許可以朝FGF21這個生長因子下手。

而科學家也發現，像在帕金森氏症、阿茲海默症患者上，其腦細胞內也都具有高濃度的FGF21這種生長因子。

為了減少罹患失智症的風險，除了避免壓力，一般較常知道的保健原則，像是避免吸菸、控制高血壓、糖尿病等，而多動動身子、動動腦，還有地中海飲食都可以降低風險。

人都會老化，不代表每個人都會得到失智症，有時候忘記一些事情是老化的症狀，至於失智症則是一種疾病。

老化固然也會忘記事情，但是不是失智症，還是得透過詳細的評估，像是認知測驗、過去的病史，還有血液採檢以及腦部影像檢查等才能確定。陳媽媽如果不放心的話，應去醫院做詳細的檢查。

▶▶ 慢性進行性眼外肌麻痺症

小智在求學階段常常遭到誤會，上課的時候，老師認為他不夠專心，總是在發呆，小智覺得很無辜。

許久不見的舅舅見到他，覺得不太對勁，建議帶去醫院檢查，後來才發現小智罹患的是慢性進行性眼外肌麻痺症（chronic progressive external ophthalmoplegia），對這類的患者來說，想要欣賞這個世界，比其他人還要困難。

慢性進行性眼外肌麻痺症又稱von Graefe眼肌病，被認為是因為肌肉營養不良，或是與神經細胞核變性以及神經肌肉變性有關。

這些人的眼睛在看事物的時候，可能不太有神，要不然就是不夠靈活，即使眼前出現了他所注意的人事物，也不一定能夠聚集焦點。

這並不是他們不夠專心，而是身體上的缺失。

小智的母親在知道小智罹患這種病時，以為是自己在懷孕的時候犯了什麼禁忌，在醫生的說明下，才知道這是一種遺傳性的粒線體疾病，小智的舅舅也有這種遺傳，只是症狀比較輕微。

慢性進行性眼外肌麻痺症的患者雖然能夠看東西，但是他們的眼球就像一顆無法滾動的足球，剛開始可能是由上眼瞼開始下垂，但漸漸的，他們的眼球就只能夠盯著前方，無法靈活的轉動。所以小智除了上課時遭到誤解，也常在與同儕相處時被嘲弄。

從代謝缺陷學來看，這個病狀和肌細胞的能量代謝有關。

科學家發現，在這些病變的肌纖維裡，不正常的粒線體聚在一起，同時，也堆積太多鈣了。

粒線體本來就有儲存鈣離子的功能，細胞鈣代謝的異常，與粒線體息息相關，通過電子顯微鏡觀察發現，病變肌纖維內，有過量鈣的堆

積，因此認為鈣代謝異常，是慢性進行性眼外肌麻痺症發病過程的關鍵環節。

而粒線體又聚在一起，會有慢性進行性眼外肌麻痺症，表示鈣的代謝發生異常，才會讓酶跑出來，長期下來，使眼睛附近的肌肉受影響。

醫生建議小智的母親，可以讓他戴支架眼鏡，或是動手術，而舅舅則打聽到這幾年有人利用干擾鈣離子進入細胞的藥物，避免肌纖維過度惡化。

慢性進行性眼外肌麻痺症從發病到治療，都是個緩慢的過程，要跟它搏鬥，得有長期抗戰的心理準備，除了因為奇怪的視力而受到他人異樣的眼光，患者的心理也需給予建設。

而小智在母親與舅舅的支持之下，知道自己不是孤獨的，雖然視力跟其他人不太一樣，但有舅舅這個「戰友」的陪伴，小智的個性也開朗許多。

▶▶ 凱恩斯沙耶氏症候群

粒線體疾病發作起來，看起來症狀差不多，但病情卻大不相同，凱恩斯沙耶氏症候群（Kearns-Sayre Syndrome）就是一個例子。

小剛跟小智一樣，視力都不太好，但是小剛雖然有慢性進行性眼外肌麻痺症的特徵，但他看東西的時候，因為視網膜會產生變化，所以視力上的障礙，和小智還是不大一樣。

同時，旁人跟小剛講話的時候，一件事往往要說上好幾次，讓他在人際交流上，有點困難。每次外出遇到這種狀況，小剛的家人只能跟對方解釋，小剛的聽力因為內分泌的關係，有點異常。

而最讓家人擔心的，則是小剛的心臟，因為凱恩斯沙耶氏症候群的患者心臟傳導也會出現問題，這對病人來說，非常危險，所以醫生特別

囑咐，需要小心監測心臟的狀況。

目前知道凱恩斯沙耶氏症候群，是因為粒線體DNA發生基因缺失而導致的疾病，除了眼睛和視力，患者的心臟像是在走鋼索，隨時都有可能出狀況，醫生也只能針對不同的病況，再給予藥物。coQ10對於病人的心臟具有保護作用，只是時間很短暫，作用也有限。

目前對於凱恩斯沙耶症候群了解不多，雖然知道它因為基因突變而產生，但詳細的原因還在研究中，這對治療患者來說，算是一個難關。

▶▶ 雷伯氏遺傳性視神經萎縮症

電視劇中，如果要驗證男女主角之間堅貞不移的愛情，有時候會安排來場車禍，或是發生病變，而造成病患突然看不見的雷伯氏遺傳性視神經萎縮症（Leber's hereditary optic neuropathy），可能為戲劇帶來衝突的效果。

不過，戲劇歸戲劇，如果落在現實的話，就沒有那麼浪漫了。

雷伯氏遺傳性視神經萎縮症的機率只有一百萬分之一，而在國內也有幾名病例。

患者在發作的時候，雖然不至於馬上失明，但視力會受損，看東西時，中間會變黑，要不然就是一片模糊。視力一開始正常，後來才發作，對當事人或是家屬造成很大的衝擊。

雷伯氏遺傳性視神經萎縮症一旦開始發作，到失明的這段期間，只有短短幾個月，而且這種病通常都發生在男性身上。

雷伯氏遺傳性視神經萎縮症，是因為粒線體DNA單點的突變，它是一種遺傳性疾病。

它是十九世紀時，德國一名眼科醫師Theodor Laber發現，但知道它的發病原因是因為基因突變，則是1980年，由美國的華勒斯（Wallace）

等科學家發現。

在研究粒線體單點的突變時，會為它編號，雷伯氏遺傳性視神經萎縮症是由第11778號、第3460號、第14484號粒線體單點的突變所造成的，只要其中任何一個有異狀，就會影響視力。

雖然是由母親這邊帶來的遺傳性疾病，但良好的生活習慣及飲食習慣，還有跟醫生密切的配合，也是治療的方式。

而得了雷伯氏遺傳性視神經萎縮症，也不代表人生就是黑白的。國內有名案例，患者在發作的時候，僅有國一年紀，人生還沒開始，就看不到世界，然而，透過努力，他奪得特殊運動會六面金牌。

而另外一名案例，則是十四歲時視力檢查之後，發現自己得了這個疾病，看不見世界沒關係，用聽的也可以。這名患者立志成為音樂治療師，希望透過音樂能夠給予人安慰。

這些患者雖看不見世界，卻不放棄世界、擁抱世界，不但給自己帶來生活的意義，同時也給他人帶來不小的啟示，真是難能可貴。

▶▶ 皮爾遜綜合症

許多粒線體的疾病來不及研究它們跟老人的關係，因為得到疾病的人，往往很難活到那麼久的時間，而皮爾遜綜合症（Pearson marrow-pancreas syndrome）更是如此。

皮爾遜綜合症非常稀少，在全世界發現的案例還不到一百個，但這不代表患者不多，是因為得了皮爾遜綜合症的患者，在很早的時候就會死亡，能夠長到成人的不多。

這類的患者通常在嬰兒時就死亡，至於嬰兒的猝死症和粒線體能否劃上關係，要有另外的數據及研究才能說明，目前針對皮爾遜綜合症下去討論。

患了皮爾遜綜合症還有幸長大成人的，症狀就會逐步擴散，進而影響身體的其他系統。少部分長大的患者，還會出現凱恩斯沙耶氏症候群的症狀。

皮爾遜綜合症死亡時間如此之早，是因為患者體內的粒線體DNA的大片段重組（large-scale rearrangements），而導致患者造成貧血，消化不良，而且胰臟的分泌功能也會深受影響，神經和肌肉系統都會損害。這對新生嬰兒來說，已經缺乏足夠成長的根基。即使好不容易長大，也容易在年輕時就去世。

粒線體的DNA有別於細胞核裡的DNA，些微的差距或損傷，卻足以令人致死。期待有朝一日，能夠找出解決DNA損傷的方式，運用DNA治療為這些得到粒線體疾病的患者，爭取生存的機會。

▶▶ 肌萎縮性側索硬化症

楊先生是一家之主，婚後生了兩個小孩，家庭幸福美滿，而在婚後第三年，楊太太發現楊先生越來越不對勁。有時候楊先生像是無法動彈，連拿個漱口杯都會掉到地上，要不然就是抱不起小孩。

楊太太覺得不對勁，要楊先生去檢查，楊先生堅決不肯面對，一直到有次小兒子在哭，他竟然無法移動自己的身子去安撫他，讓他受到打擊，才決定去醫院檢查。

最後，楊先生發現自己得了跟物理學家霍金一樣的病症——肌萎縮性側索硬化症（amyotrophic lateral sclerosis），就是俗稱的「漸凍人」。

英國物理學家、宇宙學家史蒂芬‧威廉‧霍金（Stephen William Hawking，1942～2018）追求宇宙的真理，以及對科學的熱情讓人欽佩，而他更廣為人知的，是他在努力不懈的過程中，也在跟肌萎縮性側索硬化症對抗。

楊先生之所以無法抱起小孩，因為他的身體漸漸無力，除此，他的肌肉還會漸漸萎縮，有時候還會出現痙攣，後期會呼吸衰竭，或吞嚥困難，進而快速邁向死亡。

　　知道這項消息之後的楊太太，籠罩在恐懼當中，然而，她並不氣餒，在照顧小孩之餘，還不斷查詢跟漸凍人有關的資訊。

　　楊太太發現，在漸凍人的身上，第21對染色體的基因出現問題，而這個基因正是製造超氧化物歧化酶的基因，SOD1基因。

　　超氧化物歧化酶分為三類，從字面上來看，這些酶會清除超氧化物，保護細胞免受氧化損傷，而缺少這些抗氧化的酶會出現明顯的生理紊亂，甚至死亡。

　　而粒線體缺陷，正是造成第21對染色體基因出狀況的原因之一。這對基因出狀況，製造超氧化物歧化酶也產生問題。

　　面對突如其來的變化，楊太太除了照顧小孩，也要照顧先生，在飲食及日常生活更加注意，同時也陪同楊先生積極面對治療。

　　目前醫學還無法治療漸凍人，而楊先生在發現肌萎縮性側索硬化症時，還不算晚，醫生給了他edaravone這項藥物，能夠幫楊先生減緩症狀。

　　edaravone是利用清除自由基的方式，讓早期發現的病人可以好一點，而Riluzole這項藥物，或許還能延長病人的壽命。

　　不過，真正要治癒漸凍症，其實還需要很大的努力。

　　漸凍人的身子雖然逐漸不聽使喚，對於生活及夢想的堅持，或許仍是他們鍥而不捨的、對抗病魔的原動力。

▶▶ 憂鬱症

　　人有七情六慾，負面的情緒有悲傷、失望、難過等，而憂鬱亦是其

中一種，陷入憂鬱的人，對任何事情都提不起興趣，而重度憂鬱的人，人生有很大的影響。

並非人感到憂鬱，就代表得了憂鬱症（Major depressive disorder，MDD），畢竟，人不可能長時間處於同一種情緒，是不是得了憂鬱症，必須讓專業醫師來判斷。

當長時間處在憂鬱的狀態，相關神經系統中的粒線體，也多少受到影響。

從許多的研究中可以明白，情緒與人體的生理反應、神經傳導物質的分泌都有關係，進而影響行為或疾病。

鄭先生創業失敗後，妻子離他而去，留下兩歲的小孩讓他獨自撫養，這時，他又發現自己得了肝癌，一連串的打擊，讓他得了嚴重的憂鬱症，萬念俱灰之下，他帶著小孩燒炭打算自殺，幸虧鄰居聞到異味，發現不對勁，報警救了父子的性命。

不只鄭先生，演藝圈也不乏知名藝人飽受憂鬱症所苦，結束生命。憂鬱症並不會因為一個人的身分、地位而異，如果身邊有人不對勁的話，都可以多加注意，避免憾事發生。

憂鬱症是一種精神方面的疾病，不同的學者也對憂鬱症加以研究，在生物學上，發現多數的抗憂鬱藥物，會增加大腦中神經元[5]之間的某種傳導物質，而這類物質跟憂鬱症有關。

人類大腦的特定區域裡，粒線體的代謝功能障礙與憂鬱症有關，已經有文獻證實。而研究當中，也表示在精神疾病的發病機轉中，電子傳遞鏈的損傷，也有影響。

至於能不能透過粒線體來改善憂鬱症，還需要研究，而對於憂鬱症

5　即神經細胞，是神經系統的結構與功能單位。

患者，我們可以給予支持。

　　身體會生病，精神也是，憂鬱症的患者雖然不像其他粒線體疾病患者從外觀或生理上可以看出來，但患者的心靈卻飽受痛苦，發作起來，短則數月，長則數年，都在這層痛苦當中。

　　除了給予憂鬱症患者藥物及心理諮詢外，也必須加強普羅大眾對憂鬱症的認知，給予同理與鼓勵，讓憂鬱症患者在漫長過程中，能夠振作起來。

▶▶ 慢性疲勞症候群

　　現代人壓力大，常常感覺疲勞，其實不只現代，在各個時空及國度，都有疲勞的狀況發生。輕微的疲勞可以透過休息、打盹、睡一覺來恢復，太疲累的話，建議最好給予身體充分的休息。

　　聽起來似乎很簡單，但人們對於自己身體不夠了解，或是認為自己並沒有那麼疲累，往往導致憾事的發生。

　　像不乏聽到國道上，有長期駕駛的貨車、小客車意外，有部分原因，都跟駕駛「疲勞」有關。有的可能已經連續開了六個小時的車，有的則是前一天晚上沒睡好，這些都讓他們第二天精神不濟，感到疲倦。

　　究竟是短期的疲倦，還是長期的慢性疲勞造成意外？這些都是警訊，是人們對於身體不夠重視的緣故。

　　不只國道，在工作場合，也有不少人邊上班邊打呵欠，給了咖啡還是無法提神，長期下來，精神、生活都有很大的影響。

　　疲勞是很正常的反應，只是不管怎麼休息，還是覺得疲倦，就要注意是否患上「慢性疲勞症候群（chronic fatigue syndrome）」？

　　「慢性疲勞症候群」，定義是連續超過六個月，排除所有的因素，身體還是莫名的感覺疲勞，從原本輕微的疲勞到過勞。

壓力不盡然全是壞事，適當的壓力能夠提升人的能力，就像在遠古時代，人們為了怕野獸侵襲，因為壓力而提高警覺，但過度的壓力，就生理上來說，會導致腎上腺素增多，影響身體健康。

長期的壓力會容易頭痛、消化不良，女性還會出現經期紊亂等，當身體在跟你抗議時，會發現在這些生理系統當中的粒線體，功能也會受到影響。慢性疲勞症候群可以說是因為外來的因素，而導致粒線體出現狀況。

慢性疲勞雖然不至於致命，但它所帶來的影響，卻不得不讓我們警惕，在我們追求更美好的生活，是否也失去了生活的品質？

有時候，停下腳步，傾聽身體的聲音，能讓你更有精神面對未來。

▶▶ 代謝症候群

小美一直不明白，她吃得不多，也有在運動，為什麼體重就是降不下來？看到商店裡賣的那些漂亮衣服，不知道何年何月才能穿上它？一直到朋友建議她去看醫生，透過檢查及評估，她才發現她的代謝出了異常。

想要減肥，首先就必需要知道，所謂的「肥胖」到底是怎麼來的？在粒線體將養分轉成能量後，多餘的脂肪會儲存起來，而過多的脂肪在體內堆積，就形成了肥胖。

肥胖多是「吃」出來的，但是代謝症候群（metabolic syndrome）的人可就冤枉了，代謝症候群的患者，他們體內的能量代謝不平衡，導致過多的脂肪堆積在體內。

而在研究中發現，代謝症候群實驗者體內的粒線體DNA的複製數量是降低的，這些使得ATP的合成下降，能量代謝也降低。

不只肥胖，像糖尿病、高血壓、血脂異常等，都屬代謝症候群，目

前醫學界亦在想辦法修補粒線體，看能不能讓這些代謝症候群的患者的粒線體能夠恢復正常？

在明白自己的肥胖不是自己的意志不堅，或是貪圖口腹之欲所引起的，小美豁然開朗，人生也有不同的眼界，因為受到代謝症候群的關係，長期以來，她飽受異樣的眼光，如今終於可以重新為自己定位了。

A. 粒線體影響的不只是單一器官，大多數的粒線體疾病會影響到多個系統。

B. 粒線體疾病不光只是粒線體本身出問題，凡是影響到粒線體的功能蛋白質失誤，通通歸類為粒線體疾病。

C. 現在在治療粒線體疾病上，充其量只能減緩病患的痛苦及症狀，還無法澈底根治。

D. 粒線體置換術在醫學上是個突破，但在倫理道德上卻有爭議，如何達到平衡還有賴努力。

E. 目前在治療粒線體疾病方面，以補充粒線體的營養為主。

Chapter 5

細胞的疾病──癌症

體內的搗亂份子──癌細胞

　　癌症何時而來，又會在什麼部位發作？沒有人知道。除非家族有遺傳，要不然癌症會以什麼形態出現，都是個未知數。

　　大腸癌？口腔癌？子宮頸癌？這些常聽到的癌症，就像感冒時的病毒普及，不同的是，癌症的來臨及治療時的痛苦，比感冒還要棘手，也讓患者的情緒更加低落。

　　我們多少也聽過周遭的人，像是隔壁的王先生，或是哪個親戚得了癌症，聽起來距離我們挺遙遠的，但癌症可以說是細胞的疾病，我們身體由細胞組成，不妨對它們多注意一下。

　　癌症不像感冒或是腸胃炎，看過醫生，或是住院後就可以痊癒，稍加休息還可以恢復正常生活。癌症病患即使離開醫院，還是有很長的一段時間，得回來看醫生。

　　而癌症的後盾，竟然跟粒線體有關？因為，提供能量給人體的粒線體，也提供能量給癌細胞。

▶▶ 善盡職責的粒線體

前面說過，粒線體提供能量給生物。而在健全細胞裡的粒線體能夠給予人們活力，在癌化細胞裡的粒線體，則會讓癌細胞生長及擴散。

粒線體會背叛身體嗎？

其實，這不能怪粒線體，因為粒線體在細胞裡，就擔任了合成、轉換、分裂和融合的重要角色。

換句話說，粒線體只是盡職地在執行它的任務。

如同倚天劍落在正道人士手上，可以鏟奸除惡；落在邪魔歪道手中，就幹出喪盡天良的事。

粒線體協助細胞去適應環境，好細胞如此，壞細胞也是。

粒線體一直是生物能量的重要胞器，而且還支持各式的轉化作用。是故，粒線體不會去挑選細胞對人體到底有沒有益處，只要是細胞，它就盡它胞器的義務與責任罷了！

▶▶ 生長力強盛的細胞

與其說癌症是因為細胞生病了，更正確的說法，是細胞裡的基因生病了，基因突變後，細胞內的原致癌基因（Proto-oncogene）和腫瘤抑制基因（Tumor suppressor gene）無法產生平衡。

前面我們都在認識粒線體，這時候得好好認識一下細胞。

我們如果受傷，而這時候細胞就會分裂、生長，慢慢地讓傷口癒合，細胞是會持續分裂、生長的。

人體的細胞如果沒有受傷，就是使用原來的細胞，而容易受傷的皮膚、腸黏膜細胞，就會不斷複製、生長，來持續更新。

具有持續生長力的細胞，癌症最喜歡了。

想想看，一個腦袋優秀、學習力強的好學生，如果觀念偏差想要學壞的話，也是很快的。

如果在這個持續具有生長力的細胞裡，基因失控，發生突變，就有很高的機會讓一個正常的細胞變成癌細胞。

生長力旺盛的細胞，遇到突變的基因，這個衝突就會產生腫瘤，然後成為癌症。

▶▶「原致癌基因」與「腫瘤抑制基因」的拔河

一個好學生在變壞之前，心裡總是會有一段掙扎，到底要不要墜落？細胞也是，在這個有可能變為癌化細胞裡頭，原致癌基因（Proto-oncogene）和腫瘤抑制基因（Tumor suppressor gene）就是惡魔和天使的代表。

顧名思義，原致癌基因在細胞逐漸走向癌化之時，腫瘤抑制基因會在後頭阻止。兩者的關係，就像是油門與煞車。

原致癌基因參與細胞的太多的調控事務了，它可以讓細胞成長，這對一個基因已經突變的細胞不一定是好事。

致癌物質或是病毒，都會引起癌症，雖然腫瘤抑制基因會想辦法阻止，不斷扯原致癌基因的後腿，但如果腫瘤抑制基因失去功能，就像煞車皮磨損，車子還是會往前。

最有名的腫瘤抑制基因，就是p53。

在許多報告中都指出，在癌症的發展中，p53是一個關鍵性的角色，在研究癌症時，它也是一個重要的蛋白質。從有氧代謝轉換成糖解作用的過程，則受到它的調控。

但是，當原致癌基因的力量大過於腫瘤抑制基因，腫瘤就開始產生了。

就像拔河，原致癌基因和腫瘤抑制基因在兩端拉扯，這時候如果有外在的因素幫助了原致癌基因，癌症就開始了。不過在確認是不是癌症之前，這些增生的細胞，則被稱為「腫瘤」。

▶▶ 不受控制的增生細胞 —— 腫瘤

通常患者聽到自己體內長了腫瘤就開始擔心，害怕自己得了癌症。其實腫瘤分為良性與惡性，還是要等報告出來，才能確認。

不管是哪一種腫瘤，都可以視為不受控制的增生細胞，當它們集結成腫塊時便稱為腫瘤。

腫瘤分為兩種，良性腫瘤一般不會致命，如威脅到生命就被視為惡性腫瘤。

惡性腫瘤細胞生長力旺盛，而且裡頭基因突變，加上粒線體不問是非，一視同仁提供它滿滿的能量，它不但會擴散，還會增生。

不妨將細胞想像成一個學生，如果觀念偏差，開始學壞，就像是基因突變，而在良心（腫瘤抑制基因）與誘惑（原致癌基因）的衝突下，最後，就像腫瘤一樣，已經是個體內的問題份子，最後就成為社會的毒瘤，對照到身體，就像是癌症。

▶▶ 腫瘤的形成因素

一個人會變壞的原因太多了，除了原生家庭，自己的想法、觀念，也是導致問題所在。

而腫瘤的形成，也不只以遺傳這個原因就能帶過。

太多的因素，像是外來的刺激，例如長期接觸到化學物質，小自菸酒，大至工廠排放出來的廢物，都有可能讓身體形成腫瘤。長期接觸之下，人體的細胞不斷受到刺激，都可能讓細胞不斷的受傷、刺激，然後

發炎，進而致癌。

外來的病毒也有可能致癌，像是子宮頸癌。

這些被破壞的細胞，已經從裡到外，不論在細胞膜、蛋白質，或是核內的DNA，都與正常結構的細胞不一樣，功能也大打折扣。

這些細胞如果沒被清除，就會對人體產生危害。而這個自動清除的機制，就是下一節要談的「細胞凋亡」。

Q·身體發炎、過敏，也跟粒線體有關係嗎？

發炎是指身體對外來的刺激所產生的防禦性反應，其中當然還涉入很多的細節，在這裡只是大方向的說明，而過敏是屬於發炎底下的其中一個狀況。

在外來的刺激下，粒線體會想辦法處理氧，好讓生物能夠運作，但是當這個機制發生問題，粒線體出狀況的時候，不但沒辦法化解氧所帶來的問題，還會使自由基增多。到最後，粒線體會崩解，而崩解的粒線體也會產生自由基，傷害到細胞，這時候，細胞就會啟動凋亡機制，會引來更多的細胞來處理。

長期發炎會引起一系列疾病，急性發炎和慢性發炎都會影響到細胞，而粒線體在發炎的過程當中，也有連帶的影響。

瓦爾堡呼吸器
—— 奧托‧海因里希‧瓦爾堡

在二十世紀初，科學技術還沒像現在這麼發達，而奧托‧海因里希‧瓦爾堡（Otto Heinrich Warburg）已經創立了一系列的生化研究方法來了解「酶」，而這些方法，後來被稱為「瓦爾堡呼吸器」。

除此，瓦爾堡還發現一氧化碳會阻止細胞利用氧，並且利用光照實驗發現生物細胞當中含有鐵元素。

癌細胞也是瓦爾堡所研究的目標，他認為癌細胞的生長速度，會比正常細胞快，是因為癌細胞獲得能量的方式和正常細胞不同，這也讓後來的科學家在治療癌症時，是否從介入能量這一點來下手。

走向死亡的細胞 —— 談細胞凋亡

二戰時，日本軍在打仗的時候，如果隊裡有傷兵，帶著他行走反而會拖累整個軍隊，乾脆一刀將他刺死。

聽起來有點殘酷，不過，細胞凋亡也是這樣的概念。

一個班級當中，如果有一群人聚在一起講話，就會影響到整個班級的秩序，而這時候，必須有個人跳出來管理。

如果班長有能耐安撫這群吵架的同學，不妨將這視為身體的「自我修復」，如果這個班長不夠有威嚴的話，反而會被講話的同學欺負，整個班級的秩序照樣大亂。

對照到身體，一群基因已經突變的細胞聚在一起，又沒被清除的話，就會對人體產生危害。

▶▶ 自我修復的代謝機制

在細胞成為癌症之前，身體會經過一段歷程。一種是自我修復；一種是自動排除。

當細胞核內的DNA，不管因為什麼原因嚴重毀損，正常來說，細胞凋亡的程序就會啟動。而在啟動凋亡的程序之前，會有個代謝的機制，代謝失敗的話，才會執行細胞的自殺功能。

我們的體內有免疫細胞，在癌症剛要開始的時候，它就會先行過濾、篩選，將正常的細胞保留下來，排除異常的細胞。

細胞死亡的信號有兩條路，一條是外部途徑，另外一條是內部途徑。

▶▶ 細胞凋亡的索命符──pro-apoptosis的蛋白質

二戰時，日本軍隊對待他們的傷兵，將其一刀斃命，而細胞裡的死亡路途，卻得經過一段繁複的路徑。

生命的構成需要蛋白質，死亡也需要蛋白質，當細胞凋亡的程序啟動時，會有許多的蛋白質受影響，其中一個叫pro-apoptosis的蛋白質，不妨把它想像成歷史故事中，催促岳飛的十二道金牌[1]，當這個金牌開啟時，其實也就開啟了岳飛的死亡之途。

還記得我們說過能量的產生都在這粒線體的膜上嗎？這個pro-apoptosis蛋白質會破壞粒線體的膜。

當粒線體的膜被pro-apoptosis這個蛋白質破壞之後，除了無法製造正常的能量，也會開始啟動後續跟凋亡有關的酵素。

---

1 南宋名將岳飛，在抗金之戰節節勝利之時，宋高宗在秦檜的挑撥下，一日內連發十二道金牌，將岳飛緊急召回。

王醫師 Q&A

Q・新型藥物要怎麼透過粒線體，促進細胞凋亡？

細胞凋亡要有蛋白質協助作用，而這群蛋白質稱為BCL-2基因家族，BCL-2基因家族可以調控粒線體，促進細胞凋亡。

而最近實驗發現，二氯乙酸鹽也能協助粒線體，恢復正常的新陳代謝功能。

正常的細胞是有氧循環，癌細胞則是糖解作用，二氯乙酸鹽能夠協助粒線體改過向善，回到有氧作用，進而促使癌細胞凋亡。

不管在已知的治療方式，或是粒線體的治療方式，最後都是讓這些危險份子回到最後途徑——死亡。

▶▶ 啟動毀滅開關的細胞色素c

在細胞內部，存在著兩股力量，生存與毀滅，而這兩股力量相對平衡。

而在粒線體中，平常會有一群蛋白質保護膜，而另外一群會製造孔洞，在細胞凋亡時，兩股力量有了變化，製造孔洞的蛋白質贏了守護的一方，細胞膜變得不完整，細胞就可以開始凋亡。

而這一切還不夠，雪上加霜的是，粒線體的血紅素蛋白——細胞色素c（cytochrome c, cyt c）會讓細胞的凋亡蛋白酶（Caspase-9）甦醒過來，這就像按下自動毀滅的最後開關，所有會使細胞凋亡的蛋白質全都開始進行殺戮。

最後，細胞會裂開。

▶▶ 吞噬屍體的巨噬細胞

這時候，不管是DNA還是蛋白質，都會跑到細胞核旁邊的膜被包起來，這時候，這些要凋亡的細胞就會讓巨噬細胞（Macrophage）吞食，安靜的將自己吃掉，安安靜靜的消失。

細胞的生命與死亡，都與粒線體的膜有關。

聽起來有點可惜，細胞就因此凋亡，不過，凋亡的是已經受損的細胞，健康的細胞還繼續存在。

畢竟，當不良細胞該凋亡而未凋亡，且以毀損的姿態存在，生物的功能就會改變，進而形成癌症。

散落一地的粒線體？談粒線體的破碎化

細胞凋亡，粒線體也扮演很重要的角色，不過，這是得在粒線體健全的狀態下，才能夠正常啟動凋亡程序。

如果粒線體無法啟動呢？

假設粒線體是個執行公權力的劊子手，必需要執行死亡程序，卻因為自己本身出了問題，導致死亡程序出了差錯，細胞就無法凋亡。

為了讓讀者明白癌症與細胞的關係，上一節我們將焦點著重在細胞，現在，我們將鏡頭從細胞身上拉回來，放到粒線體上。

蛋白質是生物合成的重要物質，想要維持蛋白質的每個步驟都必須完美，粒線體的分裂與融合就顯得相當重要了。

粒線體的分裂，可以進行細胞增殖；而人類的細胞想要抵抗衰老，就得透過粒線體的融合。

如果分裂不正常，會導致粒線體整體破碎化。

▶▶「粒線體網路」

不過,提到「破碎」,聽起來就像是粒線體粉碎,細胞膜、基質,或是DNA散落一地。

其實,所謂的「粒線體破碎」,指的是「粒線體網路」(mitochondrial network)無法使用。

莫非粒線體還會上網嗎?

其實,所有的粒線體是有聯繫的。

以往我們在提到粒線體時,往往會以為它們是散布在細胞質裡,不安於室,到處遊蕩、漂移的獨立胞器。

不過,在多年前,科學家們便知道,在同一細胞中的粒線體們,彼此之間是有聯繫的。

粒線體之間想要連結,經由「膜」的連結,構成一個網狀的構造,這個構造稱之為粒線體網絡。

不妨把細胞的膜,想像成是一張大開的捕魚網,而粒線體就是上面的魚眼,這些粒線體在膜的連結下,成了一個網路世界。

而在癌細胞裡,粒線體加速分裂太旺盛,或是無法融合,粒線體與膜的結合就消失,這個現象被稱為「粒線體破碎化」(mitochondrial fragmentation),而破碎化的粒線體,是無法在凋亡的機制上執行動作。

科學家發現,在許多種類的癌細胞中,都會看到粒線體破碎化的現象。

粒線體網絡不見了,取而代之的是個別的粒線體,這時候可真的成為游離份子,這就是粒線體破碎化的現象。

▶▶「粒線體破碎」的凶手──Ras蛋白

不過，粒線體網路不會自然破碎化，是有其他外力介入，才導致整個粒線體網路當機。

究竟是什麼原因導致粒線體加速分裂？

維吉尼亞大學（University of Virginia）的研究團隊曾經做過一項實驗，他們發現在三種致癌的基因中，EGFR基因、Ras與Raf基因、c-Myc基因，當中的Ras蛋白會影響到粒線體的分裂，進而使得粒線體破碎化。

一般正常的基因，並不會導致癌症，不過細胞如果受到刺激，需要進行增殖時，就會誘發「致癌基因」。

在前面已經提到，抑癌基因和致癌基因都存在我們的體內，失衡之後，異變的細胞就開始增長。

更糟糕的是，這種異變的細胞還會不斷地自行增生，形成腫瘤，這也是名為惡性腫瘤的原因。

▶▶ 巨型粒線體

當致癌基因Ras蛋白一旦癌化，粒線體的分裂就會變得很快，整個粒線體網路進而消失。

最後，整個細胞就放棄了呼吸作用。

這並不是說細胞內的粒線體從此就無法提供能量，而是它們選擇了另外一種方式──以糖解作用來產生能量。癌症病人並沒什麼過度的運動，乳酸比一般人還要高。

粒線體分裂的時候，會透過DRP1蛋白，而Ras蛋白會使得DRP1蛋白的活性上升，粒線體再也沒辦法像之前的正常速度分裂，速度開始失控。這時候，粒線體開始長大。

體型壯碩的粒線體並不是什麼好事，它沒辦法正常的執行效益，會讓細胞癌化得愈發嚴重。

▶▶ 蛋白質的關鍵

　　在明白Ras蛋白會影響粒線體分裂及破碎化，那麼，從Ras蛋白下手的話，是否能夠減緩粒線體的分裂，治療所有的癌症呢？

　　因為，跟Ras蛋白癌化有關的癌症只有30%，而非所有的癌症，以透過減緩粒體的分裂以治療癌症，還是需要研究。

　　而跟Ras蛋白癌化最大的關聯是胰臟癌，雖然要經由處理癌化的Ras蛋白來治療癌症很困難，但卻可以從DRP1蛋白下手。

　　研究團隊發現降低、抑制DRP1的表現，可以使腫瘤的體積與重量減少，或許為癌症的治療提供了一線生機。

　　癌症雖說是細胞的疾病，但粒線體的分裂，與癌症還是有很大的關聯，是故在研發抗癌的藥物過程，修復或平衡粒線體也是一個標的。

不安於室的癌細胞——
談癌細胞的擴散與新陳代謝

　　在正常的狀況下，細胞會分裂、增生，甚至汰舊換新，所以我們的指甲會生長、頭髮會掉落，包括我們的皮膚也會因為新陳代謝而有角質。

　　在我們看不到的時候，細胞正在忙碌著。

　　也因為如此，所以，胚胎會成長，小孩變成大人，小樹苗變成大樹，生命在每個階段都有不同的變化。

　　透過代謝，得以去除舊的細胞，把生長空間留給新的細胞，正是所

謂汰舊換新，同時，生物也透過不斷地分解，交換能量，好讓身體維持正常的機制以及功能。

而這一切，都是在「正常」的狀態下進行。

有正常就有異常，我們所講的癌症就是在我們體內搗亂的份子，不一定馬上要人命，但就是讓你不得安寧。

最讓人傷腦筋的是，它還會移轉、擴散，影響到人體其他器官。

▶▶ 不安於室的癌細胞

癌細胞如果安靜的待在原有的地方，還不至於讓人傷腦筋，不過事情總是不盡人願。

這些不聽話的變異細胞，透過血液或是淋巴系統，離開原有的地方，偷偷的跑走了。

這些細胞不再聽從身體的指揮，它們釋放出強效的「酶」，讓它們可以在生物的體內肆無忌憚的移轉，不受控制。

癌細胞倒也不是想轉就轉，在它背後還有個狼狽為奸的傢伙——轉化生長因子TGF-β1，轉化生長因子TGF-β1平常看起來乖巧，但遇到癌細胞的話，還助它一臂之力，這點就讓人傷腦筋了。

▶▶ 一體兩面的基因——TGF-β1

在我們的體內有種叫做轉化生長因子TGF-β1的基因，正是這個TGF-β1基因導致癌細胞的增生和轉移。

TGF-β1並非全都向著癌細胞，事實上，它還能夠平衡細胞的生長，不過癌細胞的擴散也是因為它，TGF-β1可以說是一個非常奇妙的基因，具有雙面的角色。

在提到TGF-β1，也要提一下PSPC1這個基因。

中研院生物醫學研究所研究團隊發現在許多惡性腫瘤組織當中，PSPC1（Paraspeckle component 1）跟癌細胞的增生、侵襲及轉移擴散有關。

PSPC1是能主導癌細胞惡化的調控基因，癌症病人低存活率也與PSPC1過度表現有關。

TGF-β1和PSPC1這兩個傢伙，助長了癌細胞的增生。

不過，這話就一竿子打翻一船人了，更準確的話，當PSPC1表現較差時，TGF-β1就會抑制細胞增生。

但是PSPC1如果表現較強，TGF-β1就會傳遞訊息，讓其他正常的細胞也接收到變異的訊息。

不妨把TGF-β1和PSPC1想像成兩個正在寫功課的小朋友，當PSPC1的功課不好時，TGF-β1就必須在家教導PSPC1，而無法出去和癌細胞攪和，而PSPC1功課表現優異，TGF-β1不用再教它時，就會通知癌細胞可以搞亂了。

TGF-β1看起來挺乖巧，卻會隨著PSPC1而有改變。對癌症患者來說，這可不是好事情。

▶▶ 搶劫「丙酮酸」的癌細胞

癌細胞不只會擴散，它還會分泌出「促發炎細胞激素」（proinflammatory cytokines），改變體內的新陳代謝。

前面提到，粒線體代謝葡萄糖產生ATP時，中間會有無數個分解過程，而每一個過程，都會生出更細小的分子，而「糖解作用」是把葡萄糖分解成基本能量的天然機制，包含十個步驟。

而其中一個過程，則會生出丙酮酸（pyruvate）。在代謝的途徑中，丙酮酸是一個不可或缺的角色。

原本丙酮酸（pyruvate）應該要給粒線體，不過，粒線體可能來不及使用，它就會被癌細胞搶走。

癌細胞搶走丙酮酸做什麼？當然是要自己使用囉！

除了丙酮酸，在粒線體產生能量時，所釋放出來的一些中間物質，癌細胞還是會搶走！

就算是強盜，癌細胞也是要吃飯，補充能量的。

▶▶ 致癌本質因子（JMJD5）

在「搶劫」的過程中，癌細胞會分泌「致癌本質因子」（又稱JMJD5），將它們所搶來的物質，代謝成為自己想要的物質。

就像強盜搶劫，有些是為了錢財，有些是為了女人。

如果在正常的狀況下，氧化代謝好好的發揮它的正常功能，毀損的細胞便可以進入凋亡，但是癌細胞不斷的搶走能量，就像山賊奪走金銀財寶，聲勢越來越浩大，加入的人也越來越多。

同時，這群叛逆的癌症細胞不會只在這個山頭守著，還會移來移去，這才令人頭疼。

在早期癌症發展的過程中，癌細胞會想盡辦法搶奪粒線體產能所需要的原料，這時的癌細胞可以不須透過粒線體提供能量給癌細胞生長。然而，當癌細胞成長到一定程度時，單純靠搶奪已無法滿足它的需求，這時癌細胞便會開始利用粒線體來幫助它長大與轉移，這也是為何粒線體會成為癌症治療上新方向的原因。

▶▶ 治療癌症的新方向

關於癌症代謝網絡的研究很多，2017年，基因體研究中心的蕭宏昇，帶領研究團隊發現參與糖解作用的「醛縮酶A」（Aldolase A，亦稱

為ALDOA），不只能夠加速糖解的轉變，使得癌細胞在無氧的狀況下，也可以順利加強活化力和轉移力。

所以想要治療癌症，不只是針對細胞，而是從多方面，像是往患者的新陳代謝下手，也是一個方向。

挑撥離間？與粒線體相關的治療癌症方式

根據經濟合作暨發展組織（OECD）最新公布的全球癌症發生率排行，我國癌症的發生率，每十萬個人中就有296.7人，這還不包含那些已罹患，卻還沒發現的人。

雖然大多數的人都知道健康檢查的重要性，但真正落實的人並不多，不乏那些覺得身子不適，去醫院做檢查，結果已經是癌症晚期，沒過多久就離開世間的例子。

癌症，似乎成了絕症。

癌症雖然不至於馬上結束性命，從初期到晚期還有段日子，但它所帶來生理與心靈的折磨，讓人難受。

如果早期能夠發現癌症，初期都有不錯的治癒率，等到發現不對，為時已晚，令人不勝唏噓。

癌症的治療方式是全面性的，不只藥物，包括心靈內在的轉化，或著是生活作息的調整，許多人在面對重大疾病時，也重新認識了自己。

▶▶ 癌症的治療方法

目前除了已知的治療癌症方法，新的治癌方法也不斷的推陳出新，不論是哪一種，都是以能夠澈底清除患者體內的癌細胞，而不要損害到其他健康的細胞為目的。

畢竟，想要讓癌化的細胞恢復正常，已經不可能了。

在得知母親得了癌症之後，美蓮滿臉愁容，反而是母親比她看得開，說：「我已經活到這個歲數，見過多少大風大浪，這個乳癌也不算什麼。再說，醫生說方法有很多，還有什麼標靶藥物，不一定會有事。」

隨著醫學的進步，癌症的治療方式也不斷出現，而在明確的治療方面，目前癌症的治療方式有以下幾種：

外科手術
放射線治療
藥物化學療法
基因療法
生物療法（激素治療、細胞免疫治療、標靶藥物與疫苗等）

不過，即便要去除腫瘤，也有眾多的考量，像是腫瘤所在的位置、生長的狀況，還有病人的身體、心靈狀況等。

一顆不到兩公分，跟兩公分以上的腫瘤硬塊，醫生給的建議也不一樣。

而青壯年人罹患癌症，跟老人家罹患癌症，考量又不同了。

而在治療癌症上，也不是單一治療方式就能夠治癒，還必須搭配他種方式。像美蓮的母親，醫生就建議她先利用放射線治療，之後再進行切除。

術後三個月，美蓮的母親已經差不多恢復正常生活了，還跟鄰居去跳土風舞呢！

Q · 治療糖尿病的藥物「每福敏」，為什麼能治療癌症？

原本治療糖尿病的藥物「每福敏（metformin）」，被認為能夠治療癌症，是因為科學家發現，跟那些沒有吃每福敏的糖尿病患者比起來，有吃的人罹患癌症的機率低很多。

就連美國匹茲堡大學癌症研究所（University of Pittsburgh Cancer Institute）的科學家，也是利用每福敏在做實驗，發現它可以治療小老鼠的大腸癌。

科學家研究過後，發現每福敏能夠讓電子傳遞鏈的活性降底，也就是干預粒線體提供能量給癌細胞，讓癌細胞得不到後援。

每福敏的價值不只應用在糖尿病，對癌症也頗有效果，不過，每福敏不是所有的粒線體疾病所使用的藥物，目前還沒有一種藥物，研發出來之後，能夠治療所有的粒線體疾病，充其量也只是對「症」下藥，減緩病人的痛苦罷了。

▶▶ 粒線體的「窩裡反」

即使細胞已經變異，粒線體還是守著天生的使命，為這個已經癌化的細胞提供能量，進行合成、轉化等作用。

如果在黑道幫派老大的身邊，總有幾個無怨無尤、忠心耿耿的傢伙，那警察想捕獲這個幫派老大，可以從身邊這幾個傢伙下手，來個窩裡反。所以，在治療癌症的方向也朝向粒線體。這也是我們在提粒線體時，必須先了解細胞，還有細胞凋亡的關係。

當一個變異的細胞，甚至是一群變異的細胞在體內作怪時，除了從

細胞、代謝著手，粒線體已被應用於癌症治療。

　　光是阻止黑幫老大身邊的左右手活動，黑幫老大的行動就已經開始受牽制。而在粒線體的癌症療法中，抑制癌細胞裡的粒線體功能，不要讓它太活躍，就成了目標。

　　這個目標可以再更大一點，透過癌細胞裡的粒線體，讓它啟動細胞的凋亡程序，就成了治癌方式。

30秒 讀懂粒線體

A. 不管是正常細胞，還是癌化細胞，粒線體都會為細胞提供能量，還有生成、轉化等功能。

B. 細胞凋亡是為了保全大局，好讓身體其他細胞正常運作。

C. 分裂旺盛或無法融合的粒線體，會導致整個粒線體網路破碎化，破碎化的粒線體，沒辦法讓細胞正常凋亡。

D. 「不安於室」的癌細胞，會透過血液或是淋巴系統進行擴散、轉移。

E. 阻止癌細胞裡的粒線體提供能量，或是啟動「凋亡」程序，是從粒線體下手治療癌症的方式。

Chapter 6

病毒免疫戰疫的關鍵——粒線體

奇妙的免疫系統

天氣一變化，是不是開始容易感冒了？腸病毒流行時，為什麼有些人即使看過醫生、吃了藥也是病懨懨的；有些人則生龍活虎，照樣能吃能喝？季節交替的時候，有些人就開始這個也癢、那個也癢，皮膚猛抓個不停……

這一切，都跟我們的「免疫力」有關。

而「免疫力」來自於「免疫系統」，也就是人體的防禦能力，來自於體內一道防禦的城牆。

這座城牆如果堅固而踏實，當病毒或細菌入侵時，就不易瓦解。反之，當這個城牆變得脆弱，或是不堪一擊時，人體自然生病。

可見免疫系統是保障人體健康的重要屏障，它不只抵抗外來的入侵；同時，也是維持體內和諧、平衡，擔任糾察隊的重要系統。

也就是免疫系統這道城牆，如果功能不全，身子就容易出現感染，甚至會誘發癌症，這不得不讓我們正視「免疫」這回事。

▶▶ 免疫系統的組成

人體有抵禦外部病菌，使之免於生病，或是減少生病的能力，這個能力我們稱為「免疫力」。

免疫力來自於我們的免疫組織，而免疫組織則源於淋巴球的聚集地，在這些聚集地，負責了淋巴球的分化與成熟。

如果把免疫力想像成一個國家的軍力，那麼淋巴球的聚集地就是軍隊的駐紮之處，在這些地方，負責士兵的訓練。

而免疫系統由免疫器官、免疫細胞以及免疫分子所組成。

免疫器官包含了脾臟、骨髓、胸腺、淋巴結、扁桃體等；而免疫細胞包括了像是淋巴細胞、吞噬細胞；免疫分子則有淋巴因子、免疫球蛋白、溶菌酶等等。

▶▶ 先天性及後天性免疫系統

人體的免疫系統簡單來說，可以分為先天性免疫系統，和後天性免疫系統兩大系統。

而這兩種免疫系統，為我們提供了不同的免疫能力。

先天性免疫系統，它是一種能夠迅速反應的抗感染作用，不過這種作用，卻無法提供持久的保護性免疫。

也就是，先天性免疫系統，它可以立即發揮效果，卻無法長期維持作用。

跟先天性免疫系統比起來，後天性免疫在跟特定病原體接觸後，能夠產生針對特定病原體的免疫反應。

先天性免疫系統就像是反應敏捷的士兵，遇到敵人，當下能夠發揮作用。但是如果想要有智慧的解決病菌的話，就得靠後天性免疫這種參

謀去了解病原體，知道它的特性之後，再產生「免疫反應」。

因為兩者不同的特性，所以先天性免疫系統又稱非特異性免疫、固有免疫、非專一性防禦；而後天性免疫，又稱為適應性免疫、專一性防禦。

而在這個「免疫反應」的過程，在這裡粗略分為「體免疫」和「細胞免疫」兩種反應。

▶▶ 白血球的分身——淋巴球與顆粒球

現在我們來看「細胞免疫」。能夠保護我們的身體，使之免於疾病危害的細胞，我們較為熟悉，也是最基本的免疫細胞，就是白血球了。

白血球還有「淋巴球」跟「顆粒球」兩種類型，各有不同的作用。

比較大的細菌，就由顆粒球來對付；比較小的病毒，就由淋巴球透過抗體的免疫反應來抵擋。

顆粒球則掌控著吞噬系統、淋巴球則掌控免疫系統。

細胞們可是很聰明，懂得分工合作，才能達到最好的防禦效果。

就算只有一種感染的症狀，但人體卻需要動用到顆粒球和淋巴球，而這兩種細胞群的比例，則由自律神經系統所調節。

所以自律神經系統如果失衡的話，免疫力也會失衡。

這些免疫細胞透過十分精密的調整機制，才有辦法去對抗無所不在的細菌及病毒，而最近的研究發現在這些細微而複雜的免疫系統中，粒線體扮演了十分重要的角色。

而自2019年底爆發的新型冠狀病毒（COVID-19），在全球延燒肆虐至2021年的同時，了解粒線體、了解它與人體的免疫系統的關聯，更顯重要了。

粒線體：發炎的最高統治者？

上一節，我們已經知道人體有先天性免疫系統和後天性免疫系統，而「發炎」則是先天性免疫系統為了幫助身體打倒外來的敵人，還有幫忙修護身體，基本上，是屬於體內的「保護」措施。

但是，如果這些免疫系統保護得太過度的話，就會產生反效果。

發炎是人體自動防禦系統的啟動，如同刀劍不長眼，在傷害敵人的時候，也可能傷害到自己人，自動防禦系統反而會攻擊自身。水能載舟、亦能覆舟，正是這個道理。

那麼，發炎甚至長期發炎的話，不只造成患者的困擾，甚至還會引起一系列的疾病。

導致發炎的因素很多，而讓身體發炎的因子都統稱為DAMPS（damage-associated molecular patterns，損傷關聯的分子型式），常見的像是細菌毒素、過量的葡萄糖、神經醯胺、膽固醇結晶等。

不管是因為代謝功能調節異常，或是組織受到損傷，發炎，是因為誘發而導致體內一連串精密而複雜的影響。

我們如果想要了解急性發炎或慢性發炎，就必需要掌握粒線體與發炎反應中間的關係。

▶▶ 敏感的感受器——NLRP3發炎體

在我們的身體裡，有許多不同的感受器，這些感受器，可以知道身體有哪些地方遭到感染，或是受傷，然後讓它「發炎」。

就像消防系統，如果有火或有煙的話，警鈴就會開始大響，而我們體內的感受器，就類似這套消防系統。

只是，消防系統如果太敏感的話，可不是好事。

Q · 急性發炎與慢性發炎有什麼不一樣嗎？

我們會聽到「慢性發炎」，也有所謂的「急性發炎」。其實「發炎」是身體的保護機制，像我們的身體如果受到外來的細菌或病毒攻擊時，身體會產生反應，有時候會又腫又痛、又紅又熱，這是「急性發炎」。

急性發炎來得很快，讓人警覺性比較高，而相較於「慢性發炎」，警覺性就低得多。

不管是急性發炎或慢性發炎，都會影響到細胞，而慢性發炎可以視為長期發炎，雖然不像急性發炎引人注意，但星星之火足以燎原，長期發炎的話，對身體的影響也不可忽視，免得造成更大的傷害。

我們體內大部分的感受器，會察覺到有動靜，但這個動靜必需要夠強，它才會警鈴大作，才開始有反應。

而NLRP3發炎體卻不同，它可能一有刺激就開始反應。就像前面有人影，至於是敵是友，它也不理會，先開槍就對了。

近期的研究，顯示粒線體是整合這些防禦功能，接受訊息以及傳達的最高指揮中心，尤其是NLRP3發炎體的發炎反應路徑。

▶▶ 易受刺激的NLRP3發炎體

NLRP3發炎體（核苷酸結合結構域，nucleotide-binding domain, leucine-rich-containing family, pyrin domain-containing-3），是細胞內的一種蛋白質聚合體，屬於先天性免疫系統裡的重要戰將。

如果把NLRP3發炎體視為一個容易受到刺激，而且攻擊力強悍的將軍，就可以理解。

當這位將軍一旦被刺激，會將它底下的士兵都呼喚出來，也就是NLRP3發炎體一旦活化後，便將能促進發炎反應的細胞激素全都釋發出來，在攻擊敵人的時候，也攻擊了身體。

老百姓總希望將軍專門抵禦外侮，而不是來對付城內的百姓吧？

目前，我們發現NLRP3發炎體和許多的疾病都有關係，像是阿茲海默症、肥胖、第二型糖尿病、心血管疾病、神經退化症，甚至是老化以及一些肝腎疾病等。

身體發炎已經夠讓人困擾了，如果因為長期發炎而導致疾病，就不得不讓人企圖了解粒線體與新陳代謝，還有發炎反應中錯綜複雜的關係。

粒線體是病毒戰疫的要角

病毒，可以說是無所不在，它引發了疾病，讓人們感到不適、痛苦，雖然不是所有的病毒都有致病的危險，但所謂的流行疾病，甚至所謂的瘟疫都是因為病毒所引發的。

人類一直想要對抗病毒，過去的研究著重在人類的後天免疫系統，但近年，由於對先天免疫系統的了解，所以科學家開始探討先天免疫系統在身子受到感染的初期，如何對抗病毒？

前面已經知道粒線體功能，就不再贅述，而最近的研究還發現粒線體一項特殊，而且重要的功能，那就是在先天性免疫系統裡，在對抗病毒上扮演舉足輕重的角色。

粒線體不只是第一線對抗病毒的平台，它還會與其他的微小胞器密

切配合，進而達到全面抗病毒的效果。

　　想要了解粒線體對抗病毒的關鍵，要先了解在我們體內，對抗病毒感染的訊息會有兩條路徑，這兩條路徑會激活我們的免疫系統。

▶▶ Toll樣受體

　　對抗病毒感染訊息的第一條路徑，是經由胞內體Toll樣受體3（TLR-3，Toll-like receptor 3），這個Toll樣受體是哺乳類生物免疫系統中相當重要的受體。

　　Toll樣受體主要的功能是偵測外來病毒的入侵，如果有個病毒，它入侵了細胞的RNA，被Toll樣受體偵測到，Toll樣受體就像個偵測兵，快馬加鞭，將這個訊息送到先天性免疫系統。

　　收到訊息之後，先天性免疫系統就會先行啟動，前面的軍隊都開始作戰，後面軍隊也不會閒著，這時候，後天性免疫系統也會受到影響，一起對抗外侮。

▶▶ A酸誘導基因I樣受體

　　而第二條路徑，則是經由A酸誘導基因I樣受體（RLRs，retinoic acid-inducible gene-I-like receptors），能夠在細胞內就識別病毒了。

　　而粒線體抗病毒免疫系統，主要是透過第二條路徑。

　　除了A酸誘導基因I樣受體，粒線體的外膜蛋白質——粒線體抗病毒信號蛋白（MAVS，Mitochondrial antiviral-signaling protein）也是接收病毒訊息的來源。

　　透過Toll樣受體和A酸誘導基因I樣受體這兩條路徑，雖然影響後來的層面不同，不過殊途同歸，最終，都會製造出第一型干擾素急促炎性細胞因子，從而消滅入侵的病毒。

在了解粒線體在發炎反應，以及對抗病毒的重要角色之後，如何保養，並且強化自身的粒線體，還有免疫的功能，並經由科學研究，找出對抗全球性病毒的方法，是重要的課題。

A. 免疫系統分為反應迅速的先天性免疫系統，以及產生免疫反應的後天性免疫系統。

B. 先天性免疫系統裡的重要戰將——NLRP3發炎體，容易受到刺激，反應也很快。

C. 人體內對抗病毒感染的訊息有兩條路徑：Toll樣受體，以及A酸誘導基因I樣受體。

D. 粒線體抗病毒免疫系統主要是透過A酸誘導基因I樣受體路徑。

Chapter 7

傷害粒線體的藥物

不舒服，吃藥就好了？談藥物的運用

在前面幾章，我們可以了解到粒線體的呼吸作用、或是內膜破裂，甚至DNA變異時所帶來的影響，明白粒線體對細胞、對人體的影響。

這些變異，在人體的自我修復機制下，或許還不至於有什麼重大的威脅，但是，更多關於粒線體作用的缺失，影響著我們的身體。如同那些在老化的細胞裡找到的突變基因，一點一滴驅動著身子。

光華長期坐在電腦前，很少運動，到了假日，女友約他去爬山，他卻上氣不接下氣。

阿輝伯只要吃飽飯，就只想坐在沙發上打盹，體重節節上升，等到健檢的時候，發現膽固醇跟高血壓都是赤字。

諸如此類的例子，發生在我們的生活當中。

光華和阿輝伯平常也都照吃照睡，也沒什麼威脅性的疾病，但和預期的健康還是差了一截。

這些跟我們前面所談的粒線體疾病無關的症狀，卻很常出現在我們的生活當中，細究起來，這些慢性疾病還有疲勞，跟粒線體也脫不了關聯。

131

▶▶ 能量下滑的粒線體

撇除特殊的粒線體疾病，一般的慢性病用藥，像是只要得了高血壓、高血脂等，都會給予藥物，高血壓就吃降血壓藥，失眠就吃助眠劑，只是看每個人的輕重而將其增減。

這些現象因為過於普及，看起來好像是「正常」的現象。其實，這些也都代表你的粒線體不夠健全，沒辦法給予足夠或完整的能量。

粒線體即使剛開始都在同樣起跑線上，到了後來，也會因為每個人的照料狀況而有所不同。如果將粒線體的能量下滑也視為一種疾病，或許可以提升人們對它的重視。

飲食的精緻與西化，還有我們的生活型態，都會造成這種狀況，並且普及的同時，很容易讓人降低對它們的戒心。

▶▶ 干擾粒線體的副作用

為了治療普及的疾病，我們使用了藥物。

而這些藥物，對粒線體造成了或多或少的影響。它不至於讓粒線體完全無法產生能量，但已經干擾到粒線體的運作。

藥單上面都會寫著藥物的「副作用」，透過研究，這些都跟粒線體有關係。這些副作用可能只是噁心、嘔吐、嗜睡，症狀看起來都算輕微，但對粒線體已經帶來了深遠影響。

其實這些疾病，如果透過自我的努力，就可以加以改善，像避開高油高鹽的飲食，多吃原型食物，還有運動，都能夠幫助粒線體減少氧化的傷害，那麼，也可以減少因為吃藥所帶來的副作用。

藥物有它存在的價值，挽救病人的性命，並維持生命的品質，一直是醫學界的方向。

但更要明白的是，除非是天生的遺傳或特殊疾病，否則許多的慢性疾病，是可以在之前就避免的，我們所能做的就是減少它的發生，並且在它發生之後，不要濫用藥物，甚至產生依賴，才是此章想傳達的重點。

要命還是藥命──藥物的副作用

人吃五穀雜糧，難免一病。每個人從小到大，不一定會有什麼大病，但小病總是免不了。當看過醫生之後，會拿到藥袋，除了上頭的用藥時間，「藥物的副作用」你閱讀了嗎？

江太太從醫院回來，遇到汪先生，兩個人聊了起來。汪先生知道她去領慢性處方箋，說：「江太太，藥要少吃點，吃太多藥也不好。」這種話，她已經不知道聽了幾次了？

縱使在意藥物所帶來的副作用，但面對疾病，究竟是要先選擇治療疾病，還是選擇避免藥物的傷害，江太太一直感到很困惑。

那些所謂的副作用，江太太都明白，然而藥物副作用發生的低機率也讓人選擇忽視。

畢竟，那些可能發作，微不足道的機率，不一定會發生在自己身上，況且，藥物所帶來的副作用，也不一定比當下的病情還要來得嚴重。在疾病之前，患者所著眼的，也只能解決當下的問題。

對藥物的「副作用」認知，也是我們在用藥時，值得關切的事項。

▶▶ 細菌家族

不管是口服或是注射，藥物透過血管，進到體內，來到我們所需要修補或治療的損害區域。就此，我們舉一個損害粒線體較為極端的例

子。

　　抗生素可以說是人類歷史上一個相當重要的發明，在它出現之前，很多人類都死於細菌感染，而在它出現之後，人類因為細菌感染而死亡的比例大幅減低，它在藥界有一定的地位。

　　抗生素的原理，就是給予病人這些藥物，好殺死人體內的微生物，如果感染到細菌，都會使用到抗生素。

　　還記得粒線體的祖先嗎？

　　沒錯，就是細菌。

　　抗生素在殺死外來細菌的同時，也會殺掉人體的細菌，而這包括粒線體。粒線體的DNA，和細菌的DNA如此相似，而它的歷史也是，粒線體和立克次體是有關聯的，而立克次體是細菌的一種。

　　這時候，抗生素有點像是蒙著眼的武士，將它放到體內之後，只要確認是細菌，就直接舉刀，不會去確認這個細菌對人體是有益還是有害？

　　就算粒線體沒被消滅，也會受到影響。

▶▶ 干擾粒線體

　　而且，西藥還會干擾到粒線體發揮正常的功效，會對細胞的蛋白質、DNA等造成破壞。這種破壞不一定會讓細胞立即死亡，但粒線體的作用功能已經有所缺損，在長期影響下，有如溫水煮青蛙，最後會透過身體呈現不同的反應。

　　曾經有服用膽固醇藥物司他汀類（Statins）的少數患者，他們會出現肌肉痠痛，有的甚至橫紋肌溶解[1]，針對這種現象，荷蘭奈梅亨大學

1　「橫紋肌溶解症」是指我們的骨骼肌產生了急速損傷，導致肌肉細胞壞死及細胞膜被破壞。

醫學中心終於給出了解釋。他們認為服用這類的藥物，可能會讓肌肉細胞內的粒線體功能遭到破壞，所以部分患者的肌肉，都會有些病變。

粒線體雖未死亡，但殘缺的粒線體，製造能量時是不夠健全的，在這樣的狀況下，對我們的身體造成不可知的影響。

西藥的出現原是好意，是希望透過這些藥物，能夠減緩症狀、挽救人命，但它所帶來的影響，卻屬於未知。

在口耳相傳，西藥傷身的說法議論紛紛，但這個說法背後的理論，就是它會殺死粒線體，或對粒線體產生不可知的影響，而這部分不只是科學家的事，或許是隨時都會碰到藥物的我們，更值得去細細思索。

水能載舟、亦能覆舟──
哪些慢性疾病藥物有副作用？

為了治療疾病，我們接受藥物，希望透過藥物能讓病體復原，而對於藥物到底是怎麼治療疾病？卻很少有人去細究它的機制。

就像感冒藥並不是因為藥物治癒感冒，而是透過藥物緩解感冒的症狀，體力仍需患者自行恢復。有時候就算症狀減輕了，體內的病毒也並不一定完全清除，然而患者已經達到他要的目的了。

「每次吃了感冒藥，都很想睡，害我都不敢吃藥了。」面對這次來勢洶洶的感冒，又青對感冒藥又愛又恨，明明知道吃了藥會讓自己感覺好一點，但是一吃了藥，整天都昏昏沉沉，無心於工作。

對於藥物的認識，也攸關粒線體的健全，藥物與人的關係，需要重新建立。

像又青除了感冒，身體還有其他狀況。在重新換了工作之後，讓他在各方面都有了變化，為了應付更多的挑戰，他只好藉著一些藥物來克

制身體上機能的衰退。

▶▶ 產生細胞色素c的止痛藥

長期加班、熬夜，又青三天兩頭就感到頭痛，便開始自行購買止痛藥吃。一開始的時候只是一顆、兩顆，後來越吃越重，他甚至要求同事去日本時，為他帶回當地的止痛藥。他認為或許身體已經開始對止痛藥產生抗藥性，而新型的止痛藥或許會改善這一點。

而在市面上我們所看到的止痛藥，大多數是屬於非類固醇性抗發炎藥物（NSAIDs），是水楊酸類藥物。

水楊酸可以調控粒線體，在止疼方面具有效果，而NSAIDs等水楊酸類藥物會加劇粒線體的滲透作用，在滲透作用當中，會產生細胞色素c，造成粒線體不正常腫脹，外膜破裂，細胞進而凋亡。

除了止痛藥，又青最近也在看腸胃科，但他並沒跟醫生說他長期在服用止痛藥，因為他認為那是兩碼子事。

事實上，如果長期攝取傳統的非類固醇性抗發炎藥物，腸道易發生潰瘍。美國曾經鼓勵食用阿斯匹靈對抗心血管疾病，結果發現腸道潰瘍的患者反而增多了。

▶▶ 降低CoQ10的Statin

因為工作的關係，又青常常錯過吃飯時間，要不然就是認為食物只要能填飽肚子就好，至於吃的是什麼，他並沒有很在意。

上個月公司的健檢報告，他的血脂超標，除了高血脂，還有其他的赤字，為了給家人一個交代，他去看了醫生，拿了降血脂的藥。

在口服的降血脂藥物中，像是Statin可以間接降低膽固醇，同時，也會降低CoQ10的合成。

CoQ10就是輔酶Q10，我們的體內可以自行生成的一種天然抗氧化劑，身體製造能量時少不了它，而Statin卻會阻擾它的合成，並不是所有的降血脂藥物都會影響CoQ10的製造，例如cholestryamine與fibrate這兩類藥目前則沒有這個疑慮。

　　Statin類藥物除了會降低CoQ10的合成，還會間接促進粒線體產生凋亡蛋白，影響不可謂不小。

▶▶ 維護粒線體的完整

　　這些常見慢性疾病藥物的使用，讓人產生矛盾，為了解決某方面的困擾，卻帶來另外一方面的問題。

　　除了所舉的止痛藥、降血脂藥，另外還有常見而普遍的使用藥物，像是安眠藥，醫學界也正在研究它們對於粒線體的完整影響。

　　我們在面對疾病的同時，不妨思索它的成因，雖說這些疾病看似普遍，不至於立即危及性命，但身體的能量會消弱、衰退，其來有自，我們在追求粒線體能量飽滿的同時，率先需要的是維護，而非亡羊補牢。

　　在利用諸多藥物治療疾病的同時，人們是否能夠先自我調整、平衡狀態，讓粒線體達到最佳化？

　　雖說在面對壓力的同時，要達到這個目標是個考驗，不過在追求人生目標或夢想的過程中，如果粒線體因而受到大量的損害，身體健康出現紅燈，就要注意停損點了。

維護生命的完整——不可避免的藥物治療

　　藥物是用來治療疾病，針對不同的疾病，而給予不同的藥物種類以及劑量，不論中藥或西藥，治療疾病之餘，都會對身體帶來影響，而這

兩者當中，西藥所帶來的影響較劇，是故，人們開始對它產生疑慮。

然而，有些疾病並非靠著自我治癒能力即能復原，需要醫生投以藥物提供協助，以達到病體的復原。

不論中藥或西藥，每個人都有自己的見解，在面對疾病時，患者會選擇自己的信念。

而在治療方面，醫生也會隨著患者的年紀、體力、遺傳、病史等等因素，而在治療上有所調整。

不可否認，在投入藥物的時候，會干擾粒線體。

▶▶ 難以預測的麻醉

電視劇《麻醉風暴》中，患者接受了麻醉後手術，看似簡易的手術卻因麻醉而有了意想不到的結果，這也是許多患者在診療之前，醫院或診所都會以書面先詢問病人有沒有對麻醉過敏？

而劇中的患者固然因為特殊體質，而對麻醉產生惡性高熱的不良反應，而研究顯示，全身麻醉對發展中的粒線體的確會有影響。

每個人或多或少會接觸到麻醉，像看牙醫的時候也有可能施打，這類的藥物是在人體的局部範圍內，使神經傳導暫時阻斷，這樣患者才不會感到痛楚，進而進行手術。

而全身麻醉之所以令人重視及在意，因為它影響的是中樞神經系統，和局部麻醉是有差別的，全身麻醉患者的意識、感覺全都會消失，較適合大手術。

不論是吸入性麻醉藥，還是靜脈注射麻醉藥，都會影響到粒線體，而高親脂性的局部麻醉藥也會損害粒線體的能量代謝。

▶▶ 具有輻射的放射治療

隨著數據的大量浮現，癌症似乎成了現代病，更多的科學家投入研究癌症的成因以及治療。

在罹患癌症，接受放射治療，或是做核子檢查時，醫院方面也會警告病人其過程具有輻射，而這些在救治生命體上，又是不可避免的過程。

關於癌症，目前有數種治療方式，患者在治療時，有可能搭配其中幾種一起進行，而在使用放射治療時，它的原理是利用輻射時所產生的能量，產生強烈而具有化學反應性質的游離根，藉以破壞惡性細胞。

放射治療通常是局部的治療，它不會隨著血液的流動而擴散，但因為破壞了細胞，所以癌症病人在治療過後，可能會需要休息一段時間。而在接受放射治療的癌症病人，不會立即看到後遺症，通常在過了一陣子之後，就開始出現像是噁心、掉髮等後遺症。

不可否認，輻射跟DNA的突變有關，如果是在生殖細胞，可能對遺傳也有影響。

▶▶ 傾聽粒線體的聲音

不只麻醉藥物或是放射治療，其他像是抗腫瘤藥、抗病毒免疫抑制劑、鉀通道開放劑等，或多或少會影響粒線體。

既然會不可避免使用到藥物，那麼，試著去了解它與粒線體的關係，以及它所帶來的影響，是一般人在面對疾病時，所能進行的心理建設。能夠更了解自己的身體，也更能夠破除恐懼。

而目前科學家或是醫生，更是試著去找出已知的粒線體運轉機制，並思考如何消弭這些副作用，讓能量的製造更加完善，讓藥物在治療疾

病，以及完整的製造粒線體的能量之間，達到一個平衡的目標。

而受限於細胞端粒的複製[2]，細胞亦會走向凋亡，而在這個過程中，粒線體如何充滿能量的去支持細胞，科學家也不斷地在思索、追求。

生命的誕生，並非只是單純為了延續生存，而是為了達到更好的品質，在追求生命意義的同時，我們會與心靈對話，而在粒線體為身體注入能量的過程中，我們或許也可以傾聽它的聲音。

30秒　讀懂粒線體

A. 西藥會對粒線體造成影響，干擾它製造能量，ATP的產生會下滑，雖然不至於威脅性命，但和預期的健康還是差了一大截。

B. 西藥輕則干擾粒線體，或是破壞粒線體的作用與功能，重者會直接殺死粒線體。

C. 慢性疾病的藥物如頭痛藥、降血脂藥，會對粒線體造成影響。

D. 遇到不可避免的治療，像是麻醉、癌症，正確的認識它對粒線體所帶來的影響，更懂得去如何面對身體。

---

2 端粒是生物染色體末端的一段重複 DNA，作用是保持染色體的完整，隨著複製的次數，端粒會愈來愈短，一旦消耗殆盡，細胞將會啟動凋亡機制。

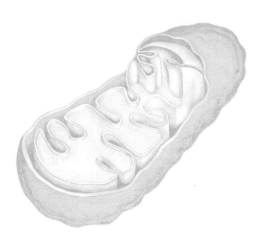

Part **3**

在明白粒線體與細胞之間的關聯，我們了解到粒線體跟細胞的成長、死亡有密切的關係。

粒線體和細胞，可以說是生命共同體。

為了延續生命，粒線體和細胞手牽手，不斷地往下一階段前進。這不禁讓我們思考起來，在避免老化、疾病，以及癌症的時候，是否也能從粒線體下手。

不論是粒線體本身的疾病，或是因為粒線體間接造成的疾病，都讓人在意。因粒線體損傷所造成人體的疾病，有醫生為我們治療，那麼粒線體平常是不是也能獲得照料？

在我們的生活中，粒線體什麼時候才會出場，為人所重視？

在我們生活的每一天，不管是呼吸、活動，都需要粒線體，粒線體能否為我們提供更好的品質，才是我們所在意的，而不是等到老化、疾病，甚至癌症來臨時，才去思索它的意義。

說穿了，粒線體不是當你躺在床上時，才跟醫生討論它究竟是怎麼回事，又該怎麼治療？而是當它還健全時，怎麼發揮它存在的最大價值及意義？畢竟，我們還有很多日子需要它陪伴。

是否，我們不該在粒線體損傷時，才在意起它的健全與否？我們是不是平常就能關心、照料它，讓它在日常上好好發揮功能，好讓我們在追求夢想的每一天，都能有動力？

粒線體為我們帶來的能量，就像火苗和火焰，能量自然不同。那麼，提升粒線體的數量，還有強化粒線體的活力，成了我們可以做的事。

粒線體的健全令人關心，當粒線體出場的時候，則不應該只著重疾病，而是在日常生活中，就應加重視粒線體。

Chapter 8

強化粒線體的活力——
談運動

離老化更遠一點——運動改善粒線體

為了老年生活能夠過得有品質，很多人從年輕時就開始進行運動，儲存健康的資本。一般我們所說的「運動」，其實就是「體適能訓練」，是指透過運動方式來發展體能。

目前已經證明，長期而規律的運動可以改善或預防一些疾病。運動不只可以讓人神采奕奕，為現在、為將來儲存健康資本，值得注意的是，不是等到身體走下坡，再來儲存體力，而是在它還沒發生狀況時，就要先做準備。

隨著工作型態的改變，現在有很多人都在室內工作，缺乏運動，長久下來容易精神不濟、昏昏沉沉，工作效率也會低落，而運動可以改善這些狀況。

不只年輕人需要運動，老人家也可以進行一些適合自己的運動。

▶▶ 改善粒線體

事實上，老人家不一定全都行動遲緩，在捷運上也可以看到登山裝備完全的銀髮族，健步如飛，走起路來可不輸年輕人。

在一項關於高強度間歇訓練的實驗當中，發現它對於年長者，更有延緩老化的攻效。

這個實驗聚集了72名的實驗者，男女各半，再分為年輕組和老人組，讓他們去訓練三種不同的運動項目，結果發現運動能夠刺激細胞、刺激核糖體，連帶的，粒線體的功能也會提升。

該研究雖然在研究高強度間歇訓練，不過也得到一個結論，那就是運動能夠增加細胞代謝能力，增加粒線體的密度，減少粒線體衰退。

就算不提研究，許多人也明白運動對人體有益，不管是太極拳，或是土風舞，甚至是健走，都能夠強化心肺功能、提升肌力。

▶▶ 登上珠穆朗瑪峰的三浦雄一郎

有些上了年紀的人可能因為關節炎，或是肌力不足，對於運動一事總是避而遠之，王伯伯就是如此，每次兒子找他出去散步，他總是揮著手，說自己沒那個能耐。

自從王伯伯的兒子跟他提到三浦雄一郎，王伯伯開始天天走公園十圈，表示自己也要去爬山，讓人啼笑皆非。

三浦雄一郎是日本的冒險家，他最為人津津樂道的成就，就是他以八十歲的高壽，成功的登上了世界最高峰珠穆朗瑪峰。

而且，這不是他第一次登峰，在這之前，他已經登過了。

三浦雄一郎在年輕的時候，因為一個念頭，就開始運動，剛開始的目的只是想延長壽命，沒想到靠著運動，最後不只登上珠穆朗瑪峰，更登上金氏紀錄。

三浦雄一郎或許沒有想到原本只是想保健身體、延長壽命，沒想到最後卻鼓舞了許多人，讓人明白：不管是年輕或是老年，運動都能夠讓身體距離老化更遠一點。

▶▶ 融合到日常的生活習慣

這裡提到的是一般人，至於像舉重選手，或是健美先生，還有運動員等，這些具有目標性的人，他們精壯而結實的肌肉，是經過長久的累積與訓練。

一般人不需要練到像他們那樣的程度，但是，提升肌耐力卻是必要的。因此有空的時候，不要忘了運動。

其實，運動不一定要專程去健身房，或是公園，就算是平常的上下樓梯；或是提早一、兩站下車，走路回家；甚至是簡單的動動背部，也可以增加粒線體的數量，甚至減肥呢！

規律的運動還可以改善或預防一些疾病，像是糖尿病、心血管疾病，還可以改善睡眠品質、減輕憂鬱。

一天中，一般人真正從事運動的時間，可能只有半小時到一小時，但長久下來，對於生理到心理層面，都有正面的影響。

要體力也要「肌力」──粒線體與肌肉的關係

根據統計，一個人過了七十歲後，每隔十年，肌肉就會退化15%，因此缺乏肌耐力的老人家無法走太久，要不然就是很容易跌倒。

阿全就是如此，為了照料不慎摔斷腿的父親，他有大半個月的時間都得待在家裡，沒辦法出去工作。跌倒之外，如果再伴隨骨質疏鬆，老人家摔斷腿的事情時有所聞。

在「老化」這一部分，維持足夠的肌耐力，就成了很重要的關鍵，而運動則是一個很好的方式。

不管你選擇的是有氧運動，或是無氧運動，當人在運動的時候，都會使用到「肌肉」，進而活化肌肉組織裡的粒線體。

Q・粒線體要多久時間才能增加？

運動雖然能夠增加粒線體數量，但並非我們想要增加時就能增加，它需要經過一段時間，才能達到要求的數量和密度。

粒線體也不是毫無限制的增加，粒線體的生命週期其實只有兩週，想要讓粒線體的效益擴張到最大，需要經過一段時間。

這有點像存款的概念，當你在存錢時，也得面對生活上的大大小小的花費，在「收入」與「支出」上面，進行積累，最後，才能達到你想要的總金額。而粒線體的總數，可能要花費好幾年才能達到最佳值。

在這過程當中，你可能會突然有一筆不小的收入，像是年終獎金，將它存入戶頭，粒線體也一樣，通常在訓練幾個月、幾年，才會有增加的時間點，這個時間點約在訓練後的8-12週，而且數量其實不多。

研究者指出，兩週的訓練可以讓體內原來的粒線體提升達22%，一般研究者認為，小於10週的高強度運動，是最容易造成粒線體的呼吸功能產生變化的時間。

在這段過程中，新的粒線體會增加，而舊的粒線體淘汰，等時間到了，就會擴增。

▶▶ 粒線體的不同表現

研究中指出，不同部位的肌肉，粒線體也有不同的表現。在學者及專家的合作之下，透過測量粒線體「呼吸」的方式，來看粒線體和運動的關聯。

結果，他們發現當體能訓練的「強度」改變之後，粒線體也會有所改變，而不同的肌肉當中，體能訓練的型態、強度與總量也不一樣。

就像散步和跑步，健走和打球，運動的強度就大不同。

從一般人和運動員的身材就可以看得出來，一般人就算一天走上兩小時，體態跟運動強度的運動員就是不一樣，當然了，運動員體內的粒線體，活躍程度也和一般人不同。

▶▶ 人體的肌肉

運動和細胞有關，能量的產生又和粒線體有關，在了解粒線體與運動的關聯之前，先來認識一下人體的「肌肉」。

人的肌肉分為心肌、平滑肌與骨骼肌三種。

心肌：是屬於心臟的肌肉，在結構上和骨骼肌相似，不受意識控制，會自己工作。

平滑肌：內臟的肌肉，像是人的食道、腸道、支氣管、膀胱、血管和尿道的內壁上，同樣不受意識所控制，在我們休息的時候，它還在忙碌著。

骨骼肌：顧名思義，就是附在骨骼上的肌肉，占了人體所有肌肉的80%，不管你是走動或是深蹲，跑步或是跳遠，人體在運動的時候，骨骼肌就開始工作。我們在這裡要講的是骨骼肌，而這也是我們能透過意識控制的肌肉。

食用的肉類有分紅肉和白肉，而肌纖維也有分為紅肌和白肌。不過分類的方式自然不同。

早期依據肌纖維的「顏色」，分為白肌與紅肌兩類。

而目前按照肌纖維在「結構」與「功能」上的分別，白肌纖維被分為五種，紅肌纖維分為兩種。

有氧代謝的紅肌纖維

紅肌纖維是由肌細胞組合而成，而這些肌細胞具有收縮的能力，因此利用ATP的頻率很高，裡頭含有大量的血管和微血管。

這些肌肉擁有比較多的血管、肌紅素[1]，以及粒線體，可以支援有氧代謝的運動，它的收縮速度比較慢。

紅肌纖維具有很高的有氧能力，以及疲勞阻力。但在糖解作用（無氧）能力方面就比較差，收縮速度也比較慢，運動單位肌力也較低。

它是屬於低強度、長時間運動的肌肉類型，像散步、瑜伽就是如此。

具爆發力的白肌纖維

而另外一種是白肌纖維，它的外表比較白，不像紅肌肉纖維裡的粒線體還要進行一連串漫長的作用，才能夠產生能量。

白肌纖維可以很快的產生ATP，屬於「糖分解纖維」。

白肌纖維收縮的反應比較快，不過，粒線體比紅肌纖維少，只能維持比較短的時間。

白肌纖維在有氧能力、收縮速度，以及疲勞阻力方面較差，屬於高強度、短時間運動的肌肉類型，像舉重、比腕力，就是這方面的運動。

▶▶ 運動是天賦？

在嬰兒出生後第五個月，就已經確定了紅肌與白肌的多寡。

1　肌紅素是一種蛋白質，在肌肉組織中具有儲存氧氣的功能。肌紅素與氣體的結合力是一氧化碳＞氧氣，因此有些商家會使用一氧化碳處理肉類，使肉保持看似新鮮的顏色。

之後，每過一年，肌纖維的數量，以及紅白肌纖維的比例，就會形塑下來。這些肌纖維的組成，就算後天再透過鍛鍊，仍是無法改變的，我們的運動天賦是先天決定的。

這也是為什麼有些人在年輕的時候，就可以被發現運動天賦，有些人則要透過不斷的努力，才能勉強達到成績。

在人體肌肉中，紅、白肌纖維的比例，往往會受「遺傳」基因的影響，但每個人的身體，不同部位的肌肉中，紅、白肌纖維的比例也不盡相同。

這些因素，會導致在不同負荷、不同動作、不同速度等運動條件下，肌肉收縮的肌纖維類型也不同。

即便運動屬於天賦，但也不表示就得放棄運動，一般人不一定要成為場上的運動員，但運動對於肌耐力的鍛鍊、活化粒線體，仍有所助益。

▶▶ 運動的作用

這兩種不同的肌肉纖維，利用不同的方式產生能量，影響到我們的運動。而在進行各種體能訓練，以及體育運動的過程中，也是在鍛鍊我們自己的骨骼肌與反應協調能力。

就算不用成為運動員，至少可以讓身體更靈活，在日常生活上更便利。至少在杯子掉下來的時候，可以及時接住；在出遊的時候，也可以走在其他人的前面，不至於拖累同伴。

在了解紅肌纖維和白肌纖維，以及粒線體跟它們的作用，就可以明白，當我們在運動時體內產生變化，若是再搭配有氧運動及無氧運動，甚至像高強度間歇訓練，還可以讓肌肉在耐力及爆發力做個調整。

除了培養體力，運動還可以淘汰功能不太健全的粒線體，增加的粒

粒線體的奧祕

線體可以提高我們體內的含氧能量。所以，運動過後會覺得精神比之前還要好。

但是，要特別提醒的是，運動的效果並不是永久有效的，一般頂多能維持一至兩週，因為粒線體的生命約維持兩週，三天捕魚、兩天晒網是沒有用的，維持持續不斷地鍛鍊，才是運動的核心。

減肥不可不知的——
白色脂肪細胞與棕色脂肪細胞

不只老年生活，平時想要健康，避免肥胖所帶來的疾病，運動也是很好的方式呢！

而想要避免肥胖的人，更要明白脂肪到底聚集在什麼地方？

生過小孩的李媽媽，還有愛美的陳小姐，每次在照鏡子的時候，不免長吁短嘆，看著手臂和腹部滋長的肥肉，想盡辦法想要將它們消滅。

但是美食當前總抵抗不住誘惑，或是被另一半找去運動時嫌累。

人之所以肥胖，最主要的原因，就是身體的細胞充滿了脂肪。

脂肪分為皮下脂肪、內臟脂肪，遍布全身，脂肪能夠提供給身體無法自行合成的營養素，像是脂溶性維生素（A、D和E），同時也能夠包覆器官，保護器官不受傷害，適當的脂肪不是壞事。

而過度的脂肪進入體內，可就沒有那麼簡單了。

▶▶ 棕色脂肪與白色脂肪的比例

肥胖是現代人的疾病，現代的人飲食習慣跟過去大不相同，加上勞動力也不高，所以有很多人的熱量，就積在脂肪細胞了。

人體中儲存脂肪的細胞有兩種：白色脂肪細胞和棕色脂肪細胞。

在《新英格蘭醫學期刊》的一項研究顯示，棕色的脂肪細胞約只占成人體重的0.1%。別看它的比例雖然少，它每天能夠燃燒基礎代謝量[2]10～20%的熱能呢！

根據研究，如果成人身上平均重63公克的棕色脂肪組織，都能夠好好運用的話，一年就可以燃燒掉約4.1公斤的脂肪。

現在，你該知道，如果想減肥，更準確來說，是減脂肪的話，要從哪裡下手了吧？

白色脂肪細胞

我們平常吃下去的脂肪，除了為身體提供能量，過多的脂肪都被白色脂肪細胞收起來了。

被白色脂肪細胞收起來的脂肪，就像進到倉庫裡，如果有進有出，可以消除的話，那存放在這裡也未嘗不可。

但是，白色脂肪組織的氧化代謝活性很低，而且裡頭的粒線體數量不多，也比較小，倘若不斷往這裡的細胞儲存脂肪，脂肪只進不出，久而久之，就形成了肥胖。

不管你是因為什麼原因，像是朋友聚餐放縱大吃大喝，還是因為壓力過大，而以狂吃美食來排解壓力，最後，都會攝入這些脂肪，然後儲存在白色脂肪細胞裡。

棕色脂肪細胞

熊在冬眠之前，會攝取大量的食物獲取熱量，等到牠冬眠的時候，

2　基礎代謝量是指一個人一天當中，維持生存所需消耗的最低熱量數值，這個數值會隨著年紀增長而下滑，因此「年紀大了，代謝率變差」是真的！

就依靠這些脂肪產生熱量。你一定很羨慕這些熊，為什麼牠們吃這麼多還不會胖？

小孩子剛出生時，就算天氣寒冷也不會頻頻發抖，為什麼老一輩的會說小孩子比較不怕冷，也是有原因的。

而這個原因，就在棕色脂肪細胞裡。

成人的棕色脂肪細胞主要分布於頸後、肩胛、背部上側、鎖骨附近和脊柱周圍，裡頭含有許多細胞色素，它能夠消耗掉脂肪及產生熱能。

重點來了！這些棕色脂肪細胞，可以消耗掉脂肪！

這些棕色脂肪組織的粒線體裡頭，粒線體的內膜上面有很多的「產熱素」，是生物生存時不可或缺的能量，這些棕色脂肪組織在冬眠，或是剛出生的動物身上，起了保護的作用。

產熱素除了能讓身體維持溫度，人體裡代謝酒精的細胞、類固醇的合成，也跟棕色脂肪組織有很大的關聯呢！

▶▶ 運動與脂肪細胞的關係

在明白棕色脂肪細胞跟白色脂肪細胞之後，一定讓人很心動，希望自己擁有大量的棕色脂肪細胞。

不過，想要加強棕色脂肪細胞的活力，就要靠運動，運動時，人體會分泌像是鳶尾素、去甲基腎上腺素等激素，這些都可以活化棕色脂肪細胞。

2013年，美國糖尿病學會年會上發表一項研究發現，運動能夠促進褐色脂肪的轉化，而且在十二週的室內腳踏車訓練後，效益仍然增加。

隨著年紀越大，人的皮下和內臟脂肪不只增多，就連棕色脂肪細胞的總量也會減少。

為了維持我們的健康與體態，增加棕色脂肪細胞的數量，或是增強

粒線體的活性，都值得考慮運動在我們生活中的重要性。

透過底下的運動，也可以活化你的棕色脂肪細胞喔！

❶ 扭身伸手轉肩運動

想到運動，就讓人覺得疲累，也就興趣缺缺，其實，在床上也能夠運動，達到刺激棕色脂肪細胞的目的呢！

平常懶得運動的美枝，即使知道運動的重要性，但又因為個性的關係，仍很少活動，後來，在日本朋友的推薦下，她接觸到了日本塑身專家武田敏希推薦的一套運動。

這個運動方式，即使不用出門，也能夠活動肩膀、腰部，執行面也不太難，人人都做得到。

首先，先將身體平躺下來，左邊膝蓋彎曲，然後向右方90度傾倒，右手壓住左膝。左手伸直，用力的畫圓十次，再換邊。

以上動作建議每日從5～10組開始，待動作可以穩定舒適的操作後，再逐步增量，以提升效果。

❷ 屈膝扭腰運動

在床上運動的強度，雖然不至於像跑步或是健身，但對於活化粒線體，保持筋骨的靈活度，還是頗有效果的。

建平的身形較為肥胖，跑沒兩步就氣喘吁吁，也因為過胖，而使得膝蓋承受了很大的壓力，談到運動，建平就愁眉苦臉，他知道該透過運動讓自己瘦下來，但是又不想傷了膝蓋。

在表哥的建議下，他先進行較緩和的運動，之後再視情況增加運動的強度。其中有套只需在床上，或是地面就可以進行的運動，深得建平的喜好。

細胞大電廠

粒線體的奧祕

在做這個運動的時候，可以先將身子平躺、仰臥，雙手向兩側伸直，平放在床上，而掌心向上，膝蓋則彎曲適當角度。

將雙膝併攏，先向左邊傾倒，維持一分鐘；然後再扭向右側，同樣維持1分鐘。注意，在扭腰的時候，肩膀與兩臂不要離開床面或地面。

以上動作建議每日從5～10組開始，待動作可以穩定舒適的操作後，再逐步增量，以提升效果。

③ 雙手托天運動

由於棕色脂肪細胞的所在位置，還可以利用肩胛骨的體操，來活化棕色脂肪細胞喔！

秀芬平常就在辦公室盯著電腦，想要運動，又受限於環境，最近公司流行一套伸展運動，秀芬堅持了一、兩個星期之後，發現肩頸僵硬的狀況也消失了，過了兩、三個月，她發現裙子有點鬆，打算再去買一件新裙子呢！

秀芬跟同事所進行的運動，是在原地將兩手的手腕併在一起，兩隻手臂交疊，再向上伸高，抬頭，看著手掌背面，停留3～5秒後，放下來休息，3～5秒再反覆操作。

這麼做，可以讓肩胛骨儘量靠攏，刺激棕色脂肪細胞。同時，久坐辦公桌、肩頸緊繃的人，也可以藉由這個動作，讓自己的背部不至於僵硬。

以上動作建議一回操作8～10次，每日數回，建議以逐步增量為原則來達到效果。

▶▶ 活化棕色脂肪細胞的其他方式

除了運動，棕色脂肪細胞還可以利用其他的方式，像是透過溫度，或是食物來刺激交感神經。

例如在洗澡的時候，一般健康的人可以利用20度的冷水和40度溫水交錯，往後頸處各沖30秒，然而，高血壓或是心臟病的人，請謹慎使用這個方法。

另外，像是兒茶素、咖啡因，也都有增強這些脂肪細胞的活性，這些我們會在第七章介紹。

至於公推最好，而且活化棕色脂肪細胞最安全的方法，還是運動。

大家一起動起來──介紹各式運動

從粒線體提供能量，到肌耐力的認知，我們了解到不論是什麼樣的運動，都能夠讓身體的細胞活躍起來，粒線體活絡了，整個人也神采奕奕。

不過，運動並不等於勞動。

從事貨運的老張，因為筋骨受傷去看醫生，醫生吩咐他要多運動，老張則表示，他每天都要搬上二、三十趟的貨物，每天都有非常大的活動量，怎麼還需要運動？

老徐在送外賣，每天為了顧客的肚子，每天都在外奔跑，勞動量很大，但是健康檢查出來，他的膽固醇還是過高。

長時間單方面從事局部活動，對於心肺功能、燃燒脂肪，還有肌耐力等，效益是有限的，運動的目的是均衡的促進健康。

▶▶ 運動型態的影響

不同的運動型態，對於我們都有不同的作用，悠閒的散步和有規律的健走、溫和的瑜伽和承受壓力的舉重，對於肌肉的負荷就不一樣。

若是身體有疾病，像是心臟病，和一般人的運動也不同。甚至，運動的步驟與過程都會有相當的影響。

在運動的時候，粒線體可以藉由運動，通過氧化磷酸化[3]（oxidative phosphorylation，OXPHOS）增強ATP的合成，也會影響蛋白質還有酶的基因。

也就是你所選擇的運動，包括它的強弱程度、時間長短，都會影響到粒線體生成能量的狀況。

就像是一間工廠中，員工在做同樣的工作，領三萬薪水的員工，跟領五萬薪水的員工，兩者的進度上可能就有差異了。

▶▶ 心理層面的影響

人不是機器，有很多外在或心理因素，會讓身體產生變化，我們的情緒及感受，都會反應在身體上。

像是平常壓力太大，又不懂得紓壓，一直處在「緊張」的狀況，到了一定程度，交感神經[4]就會讓血管收縮，而在這樣的情況下，如果身體無法獲得充足的氧氣，粒線體會自然減少。

反之，如果副交感神經作用大於交感神經，人體的血液循環變好，粒線體自然增加。

3　細胞的一種代謝途徑，即透過粒線體內膜上電子傳遞鏈的反應，最終合成 ATP 的過程。

4　交感神經與副交感神經共同組成自主神經系統，大多數器官受到兩者的共同支配，交感神經一般是控制緊張、興奮相關的行為，副交感神經的活動主要在放鬆和恢復的時期。

因此，在運動之前，如果可以認識自己的身體，平和自己的心靈，多做幾個深呼吸，讓氧氣進駐體內，運動起來會事半功倍。

▶▶ 與日常生活結合

運動並非短期，也不是急就章的事，它是經過長期的投資，才能看出它對身體的效益，而一旦養成運動習慣，身體健康也可以改善，對於我們的人生，也有深遠的影響。

一個人如果能夠盡早建立運動的習慣，感受到運動的喜悅，擁有身體能力的體驗，終身都能夠受益。

有人認為，運動過後所帶來的暢快，讓人感覺愉悅，而運動也被證明能夠改善憂鬱症。

公共衛生指南建議，成人每一週的運動總量，中等強度的運動至少累積150分鐘，而劇烈運動則是每週至少三次20分鐘。

當然我們也毋需將它全集中在某一個時刻，可以應用在日常生活，像是從搭捷運改成騎腳踏車；或是回程距離不遠時，直接從車站走路回家。如此實行，讓運動不再那麼遙遠。

▶▶ 穩定平衡的運動──核心肌群運動

在使力的時候，我們會用到核心肌群，這個名詞聽起來有點籠統，它泛指人體軀幹中心的肌肉群，包括背部的背直肌、腰方肌、背闊肌、多裂肌，以及髖部的臀大肌、臀中肌和髂腰肌，這些統稱核心肌群。

身體在做動作時，都是由深層核心肌群出發，再經過淺層核心肌群。它是從人體的中心出發，進而影響到四肢。

核心肌群可以增加身體的穩定度和平衡，在運動中還可以產生爆發力。如果核心肌群力道不夠，就會發生一些狀況，像陳先生傍晚回到

家，蹲下來想抱撲過來的小女兒，結果兩個人一起滾在地上，惹得兩人大笑。

阿健打球的時候，為了在女孩子面前耍帥，但跳躍的力道不夠，最後的確成功引起女孩子的注意了，只是跌個狗吃屎，引起訕笑。

這些，都是核心肌群不夠的例子。

核心肌群可以說是所有肌肉的力量來源，如果它的功能較強，透過核心肌群所發出的力量也會越強，伸展的動作就會越來越穩固。

訓練核心肌群的時候，訓練的部位包括頸部、上背、骨盆、臀部、下背、腹部、大腿等肌肉群，不管是跳躍還是轉身，都能夠達到最好的效果。

▶▶ 訓練核心肌群的好處

也許你不是運動員，並不在意這些，但應要了解的是，核心肌群還可以保護脊椎的穩定呢！

在日常生活中，就算是做家事，也需要核心肌群的力量。

為什麼有些人家事做到一半，衣服還沒晾好，地也還沒拖完，就覺得沒力氣，核心肌群也占了一部分的原因。

王小姐上班的時候，多數時間都是坐著。即使她坐著做事，也覺得疲累，直呼想躺下來。

即便是百貨公司的櫃姊，一天要站六到八個小時，也都需要核心肌群的支持呢！

訓練核心肌群，也有非常多的好處。像是穩定我們的步伐、防止跌倒，女人可以訓練優雅的體態，使小腹緊實避免下垂、避免凸腹駝背等。家庭主婦或上班族還可以減少下背痛、增加腰背耐久力，還可以保護脊椎、提升基礎代謝率、增加各式運動的表現等。

核心肌群位於腹部前後的肌肉群，屬於慢速收縮肌纖維，要長時間的反覆訓練才能達到效果。

底下我們介紹在家就可以做到的核心肌群運動，讓核心肌群可以隨時隨地訓練。

❶ 棒式撐體

棒式撐體有好幾個名詞，像是「平板撐」、「撐舉」，它可以說是核心訓練入門的第一選擇，也是經典中的經典。只要在家裡鋪個墊子，甚至在床上就可以訓練。

從名字上來看，棒式撐體要讓自己的身子看起來像個直立的棒子，所以有時候家裡有些較小的孩子，在看到爸爸在做這個動作時，會順便坐上去，父子倆還可以一起運動。

當然了，這樣的行為有危險性，在做棒式撐體的時候，還是要注意安全，避免受傷。

棒式撐體有點像準備伏地挺身，不過，是將雙肘撐在地面，再將雙手緊握，而腿要打開，維持跟肩膀同寬的距離，再以腳尖著地。

要注意的是，在做這個動作時，從後腦勺到腳後跟都要呈一直線，這樣的姿勢至少維持30秒，等到習慣之後，可以再增加秒數。剛開始不必過於勉強，等習慣之後再增加強度。

而它所能訓練的肌群包含了核心肌群、臀肌、膕旁肌（大腿後側）、股四頭肌（大腿前側）等。

　　如果小孩子有興趣的話，不妨找他們一起來，從小開始訓練核心肌群吧！

② 橋式

　　如果不喜歡出門，在太大陽底下流個滿頭大汗，在室內就可進行的瑜伽是頗受歡迎的運動，特別是橋式這一招，很受瑜伽愛好者的歡迎，包括運動員也會拿來練習。

　　橋式不但可以強化核心肌肉，還可以雕塑臀部和大腿。生完孩子的趙太太，因為要帶小孩，沒有太多的時間去健身房，所以就在自己家裡，趁小孩子睡著之後，在地上開始做橋式。

　　她先躺在地上，將膝蓋彎起來，雙手置於兩側，躺直身子，做好準備，就開始抬起臀部，這時候，腹部也會縮緊。要注意的是，做這個動作時，要讓身子呈一直線，在做3～5次深呼吸後，這時平躺下來，心中默數五秒後，再將身子抬起來。如此的動作，一直反覆。

　　剛開始的時候，她的次數並沒有做太多，等到身子習慣之後，次數就多了起來。

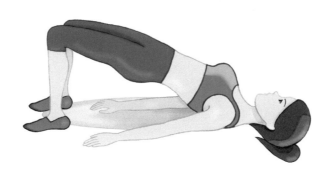

漸漸的，趙太太的小腹平坦了，產後不到六個月，每個人都說她的肚子看起來不像生過小孩。

橋式除了能緊實腹部曲線、伸展大腿後側肌群，還有很多好處，她還介紹給隔壁的王媽媽，表示橋式運動還可以改善坐骨神經痛、延展脊椎、強化子宮機能等，對於改善骨盆前傾，也有所幫助。

趙太太因有做適量運動，常可見到她輕而易舉的抱小孩呢！

③ 仰臥起坐

仰臥起坐是很常見的運動，對於一些想要減肥或瘦小腹的人，剛開始都會執行這項運動。不過，關於瘦身，仰臥起坐或許還沒辦法給予直接的答案，但是正確的仰臥起坐，可以訓練核心肌群。

鄭小姐平常在上班，有感於久坐辦公室，體力漸漸減弱，聽從健身教練的建議後，在家裡練習仰臥起坐。

鄭小姐睡前躺在床上，將膝蓋自然彎曲，再將雙手交叉抱肩，這時候，她會放鬆背肌和脊柱，再將身體抬起，這時候，腹部也會自然緊縮，而她會做到身體跟地面呈90度的姿勢，然後再躺下來。這樣的動作，依她當天的狀況，一天做個二、三十次。

仰臥起坐還可以利用雙手抱著頸部，起身之後，額頭碰到膝蓋，再躺下來，重複動作。

長期下來，鄭小姐感覺精神好了許多，上班也不至於猛灌咖啡，人也神采奕奕。

❹ 仰臥踩踏

除了仰臥起坐，仰臥踩踏也是一個訓練核心肌群的方式，它有點像是空中踩腳踏車。

在家帶孫子的王媽媽，有時候陪三歲的孫子午睡時，祖孫兩人在床上玩起空中踩腳踏車，孫子樂不可支，都不想午睡了。

不過，王媽媽如果可以明白正確的仰臥踩踏，或許在跟孫子玩的時候，還可以訓練核心肌群呢！

王媽媽躺在床上的時候，可以先將腰部貼在床面，這時候將雙腿抬高，一隻腳先彎起來，另外一隻腳則往前伸，接下來，就像是空中踩腳踏車，開始交互動作。

在做這項運動的同時，不要憋氣，自然地呼吸就好。可以進行約10～15次的空中踩腳踏車，一日做個三輪，視體力而定。

通常玩個二十分鐘，兩人也就睡著了呢！

我們可以發現核心訓練的重點，著重在脊椎和腹部，不只可以增加腰、背的耐久力，小腹也可以變得緊實，還能夠提升基礎代謝率，對於減重也間接有所幫助呢！

剛開始可能會有點不適應，久了就會習慣，可先試著做幾次，之後再增加強度和時間。

透過訓練核心肌群，全身的肌肉可以發揮更大的效益，而不是拘於軀幹中心的肌肉。你可以發現站得比以前更穩、更久了。

雖然核心訓練的好處很多，但也不是完全沒有害處，如果脊椎側彎或姿勢不良，會不小心為身體帶來傷害，因此在訓練之前，如果有疑慮，最好先洽詢專業人員喔！

▶▶ 有氧運動

不少人看到「有氧」運動，認為透過這方面的運動，能讓身體充滿氧氣、能量滿滿，真是太棒了！

不過，這樣的理解並不完全正確，所謂的「有氧」運動，正確的解釋應是藉由「消耗」氧氣，進而合成身體所需的能量。氧氣對於身體的重要性，可見一斑。

為了林伯伯的身體健康，他的子女苦口婆心，勸他晚上吃過飯後去散步，或是出門時多走兩步路，他都拒絕了，他討厭運動後的滿頭大汗，更討厭運動後的氣喘吁吁，認為那讓他喘不過氣。

一直到身體出現警訊，才在醫生及家人的半強迫下，先從健走開始，再慢慢進行其他有氧運動。

漸漸地，林伯伯覺得呼吸變得順暢了，他本來認為運動會讓他呼吸不順，沒想到運動過後反而呼吸更暢快。

現在已經習慣運動的林伯伯，對於以前對於運動的一知半解，也只

是笑笑帶過。

最大心跳率

在進行有氧運動時，會需要氧氣的參與，好合成ATP，而且運動的時間要夠長。常見的有氧運動有很多種，講求的是透過「呼吸」的方式進行訓練。

有氧運動不僅可以降低三高，提高新陳代謝，還可以預防骨質疏鬆，而最為減重的人所喜的，它還可以消耗過多的熱量、減少脂肪、減輕體重，是一種增強人們心肺功能及耐力的運動。

想要維持身體健康，在做有氧運動時，心跳率至少要達到最大心跳率的50～60%，而為了體重控制的運動心跳，須達到最大心跳率的60～70%。

這似乎有點困難，畢竟在運動的過程中，一般人也很難去計算自己的最大心跳率有沒有達到標準？

現在藉由小米手環，可以檢測心跳率，就算沒有手環記錄，只要運動的時候感覺到自己心跳比平常快、呼吸有點喘，但仍然可以跟旁邊的人談話的程度即可。

一次的有氧運動下來，可能會氣喘吁吁，但若是在剛覺得疲累，開始流汗的時候就停了下來，效果可是大打折扣呢！

在進行有氧運動時，心跳必須達到最大心跳率的70～80%，並且持續30分鐘為佳，因為在30分鐘之後，身體將脂肪拿出來，做為能量使用的「利用率」就會越來越高。所以可別因為剛開始覺得累，就馬上停下來喔！

最大的心跳率會隨著年齡下降，可以參考一些對照表，簡易的公式則是「最大心跳率＝220－年齡」。

最近有學者提出較準確的算法「最大心跳率＝206.9－（0.67×年齡）」。

增加耐力的有氧運動

接下來，我們介紹幾樣方式的有氧運動，讓大家可以跟著做：

❶ 健走

身材壯碩的阿國才二十多歲，就已經九十多公斤，看著身邊的朋友，一個個都交了女朋友，自己卻還孤家寡人一個，總有點孤單。這時候，小玲的出現，讓他的世界注入了新希望，他決定先行減肥，好獲得佳人的芳心。

傍晚的時候，小玲就會在公園出現，為了多看她幾眼，阿國開始健走，不但可以見到她，還可以運動。

阿國在健走的時候，會先將身體放鬆、打直，並且抬高下巴，而他的上臂會貼近身體，手則自然的擺動。

往前走的時候，他的腳跟先著地，等腳掌完全踩平，再伸出另外一隻腳，保持微微冒汗的速度。每次健走約三十分鐘。

漸漸地，小玲也認識了阿國，小玲對健走也很有興趣，她還告訴阿國，進階版的健走可以配合腰肩部的轉動，同時將拳頭擺動到對側的耳朵下緣。這樣可以增加腰腹部肌肉的運動，還可以增加熱量的消耗，降低腹部的肥胖，改善人魚線的線條呢！

小玲還說，這樣子的方式，對於年紀較大的人來說，還可以預防五十肩。

透過運動，阿國的身材變得越來越好，也跟小玲越來越有話聊，他期待有一天能獲得她的芳心！

❷ 爬樓梯

邢伯伯覺得自己年紀大了，想說靠著運動延年益壽，也可以維持健康，既然家裡住在六樓，就爬樓梯吧！於是他每天早上出門，就走六樓走下來，回家的時候，就往上爬樓梯。

漸漸地，邢伯伯感到越來越吃力，特別是膝蓋也越來越不舒服，他決定去看醫生，並提出疑問。

醫生在明白他的想法後，說：「邢伯伯，爬樓梯其實是項不錯的運動，但是你年紀大了，加上關節受過傷，這項運動雖然簡單，卻不適合你呢！」

爬樓梯其實是項不錯的運動，但如果有膝蓋疼痛或關節病的狀況，建議不要進行這項運動。

對於一般人，爬樓梯可以算是非常生活化，而且無時無刻都可以進行的有氧運動。在爬樓梯的同時，如果想要鍛鍊腿部的肌肉，還可以一次爬兩個台階，不過要注意安全。

在搭捷運的時候，可以捨棄電扶梯，而改走樓梯；如果住在大樓，也可以減少搭乘電梯的樓層，剩下的距離改為爬樓梯。

如果家裡沒樓梯，也可以在地上放個板凳，一上一下的進行，不過，要小心板凳可能會移動，進行的時候還是要注意安全。

❸ 跳繩

因為學校活動的關係，小杰要求媽媽帶他去買跳繩。媽媽替他買跳繩的同時，想起小時候常跟兄弟姊妹在學校跳繩的情景，於是回家時搶著第一個使用，結果還跳不到五分鐘，就已經氣喘吁吁了。

跳繩也是項有氧運動，在室外還是室內都可以進行，只是要注意距離，免得傷到人或打落物品。

跳躍的時候，利用前腳掌起跳和落地，最好穿舒適一點的鞋子，不要選擇太硬的地面，也不要太過用力，以減少對關節的衝擊。

跳繩的時候，繩子也不要太長，雙手握住繩子的時候，比肩膀還要向下一點即可。

小杰看著媽媽的表現，笑彎了腰，媽媽不太服氣，開始和小杰比賽，看誰能跳最久！

▶▶ 無氧運動

既然有「有氧運動」，相對的，也有「無氧運動」。

不過，無氧運動的時間沒辦法太長，大約三十秒到兩分鐘，它可以在短時間內爆發強度，然而在運動的過程中，比較沒辦法順暢地呼吸，而它所使用的能源也和有氧運動不同。

老吳平常向來低調，一日，當友人約他去海邊時，藍天白雲、大海蔚藍，所有人都換上泳裝，而老吳走出來後，眾人看到他健壯的肌肉，都圍了過來。

老吳靦腆的說，因他年輕的時候就持續健身，現在雖然四十多歲，但還是保持每週去上健身房兩次的習慣，難怪一身的好肌肉。

聽到他這麼說，友人的妻子戲謔等回去之後，也要安排自己的老公每天上健身房，聽到妻子這麼說，友人不禁苦笑了起來。

乳酸上場

有氧運動是透過氧氧形成ATP，而在進行無氧活動時，轉為乳酸系統上場，成為能量的來源。

一般對於「乳酸」的認知，大多認為它是身體運動過後的廢棄物，會造成身體痠痛，最好將它丟掉。

事實上，乳酸也是一種能量。進到血液裡的乳酸，會變成「乳酸鹽」和「氫離子」，當氫離子進到血液裡，則會抑制肌肉的收縮。

同樣都是運動，為什麼無氧運動可以有這種效果？

無氧運動也叫做「肌力運動」，在進行無氧運動時，因為運動強度較高，比較容易破壞肌肉，會促進肌肉生長，像是：舉重訓練、仰臥起坐、伏地挺身、深蹲、舉啞鈴等重量訓練，都是無氧運動。所以在從事無氧運動時，會讓肌肉的直徑變大，收縮力也會增強。

諾貝爾醫學獎小故事
1922年 肌肉的痠痛與發熱
—— 阿奇博爾德‧希爾、奧托‧弗利茲‧邁爾霍夫

跑步過後，我們的雙腳會痠痛，或是身子會感到發熱，而揭開其中奧祕的，是阿奇博爾‧德‧希爾（Archibald Vivian Hill）和奧托‧弗利茲‧邁爾霍夫（Otto Fritz Meyerhof）。

這兩個人並非一開始就從事跟生物領域相關的工作，邁爾霍夫本來是位醫師及生化學家，後來投入生理及生物化學；希爾則是數學系的高材生，後來才轉攻生理學。

而在肌肉當中，有關氧的消耗以及乳酸的代謝關係，是由邁爾霍夫證明的，肌肉發熱的原因是由希爾發現的。而這些發現，讓兩人在1922年共同獲得諾貝爾的醫學獎。

提高基礎代謝率

值得注意的是，無氧運動對於增加肌肉量非常有幫助，但對粒線體的增加則沒有影響。

那麼，我們還需要無氧運動嗎？

無氧運動雖然不會增加粒線體，但是，當肌肉量增加，體溫也會跟

著上升，可以提高我們的基礎代謝率。不論在減重或是維持身材上，都有所幫助呢！

而透過有氧運動跟無氧運動組合的間歇運動，更是能夠提升熱量燃燒。這部分我們在後面會詳述。

① 深蹲

觀看武俠電影時，看到大師兄在院子裡蹲馬步，有沒有想到現代人進行的「深蹲」？

深蹲被譽為「力量訓練之王」，很多健身的動作都會將它結合。深蹲看似鍛鍊下半身，實則能鍛鍊全身的力量。

深蹲時能有效刺激大臀肌，訓練大腿的肌肉，有效的消耗卡路里，同時也刺激骨骼肌力。不過必須注意的是，在深蹲的時候，必須採取正確的姿勢，否則很容易受傷。

開始深蹲的時候，身子要站直，雙腿站與肩膀同寬，夾緊臀部，背部挺直，再慢慢的將身子往下，這時候，臀部再往後退，身子會前傾，大腿和膝蓋呈90度。在做深蹲的時候，膝蓋不能超過腳尖，腳掌也不要內八，它是利用像要坐椅子的概念，用大腿和臀部的力量蹲下來。每個細節都要注意，如果當中一個環節不對，師父會罵的。

在深蹲訓練之後，下盤變得更穩，腳力變得更快，想必大師兄可以

追得上小師妹了。

② **伏地挺身**

當過兵的人，幾乎都做過伏地挺身，當然了，不只軍人才可以做，一般人只要體力允許，也可以進行。

伏地挺身是常見，而且隨時隨地都可以做的健身運動，主要能夠鍛鍊上肢、腰部及腹部的肌肉，尤其是胸肌。鍛鍊的肌肉群則有胸大肌、肱三頭肌、三角肌前束、前鋸肌和喙肱肌等。

志偉每次到健身房，都會被要求跟人家比賽伏地挺身，志偉當仁不讓，開始比了起來。

標準的伏地挺身，必須將手、腳先放在地上，再以手掌將上半身撐起，利用手臂彎曲，讓身體下降，當手臂伸直時，身子再抬起來，在做的過程中，不只背部，雙腿也必須伸直。

伏地挺身有不同的類型，像是以二指進行，或是單手、指尖撐地，都屬於較高難度，做的時候要謹慎。

即便是正確動作，在做的時候也要避免肘部過分外展，只做半程、聳肩、低頭等，可以提高運動效果，同時避免運動傷害。

上個星期六，志偉就因為太過自信，結果造成運動傷害，看來，他得先休養兩週才能再上健身房了。

③ **卷腹運動**

林小姐總是嚷著要減肥，事實上，她並不胖，只是肚子鬆垮垮的，側看就像肚子掛著一團肥肉，每次出門，她都得穿上塑身衣才敢出門。

在接觸到卷腹運動之後，三、四個月下來，她的體態已經有所改善，即使沒有穿塑身衣，也敢出門了。

卷腹運動是由歐美健身組織，在最近幾年提出的科學訓練腹部的鍛

鍊運動，這個動作跟仰臥起坐有幾分類似，但是仰臥起坐主要是鍛鍊背部的肌肉，不慎的話，可能會傷及脊椎。

卷腹運動所提倡的角度以不超過30 為宜，完全是靠腹部肌肉在運動，而且手不能放在頸椎，避免頸椎用力和扭傷。

林小姐通常是將身體躺在地上，然後將雙手交叉、放到胸前，再把雙腿慢慢彎起來，差不多形成35 角，再將身體慢慢上仰，與地面形成約30 角，大約維持兩秒，然後再恢復預備姿勢，再來一次。

通常她在第二天的時候，就會感到腹部肌肉痠痛，而且以前做仰臥起坐後，頸部和手部都會不舒服，這次倒是不會了。

卷腹運動主要是針對腹部的四個肌肉區域運動，能夠有效的鍛鍊到腹部的肌肉群，對上腹的肥胖也有顯著效果。即便是現在，林小姐一天也會做50次，繼續維持好身材。

▶▶ 有氧運動與無氧運動的結合

我們在運動的時候，也不可能長時間一直從事無氧，或是有氧運動，通常會兩種搭配一起操作，稱之為「間歇運動」。「間歇運動」如果設計得好，不只能讓肌肉提升耐力，還有爆發力。

在研究當中，「間歇運動」中，身體能夠恢復疲勞，也是粒線體的功勞呢！粒線體一方面要為運動提供能量，一方面又要幫忙消除疲勞，

可說是相當忙碌。而運動能夠讓粒線體活躍，並增加數量，可說是相得益彰。

所謂的「間歇運動」就是將運動的內容交叉進行，如果將有氧運動和無氧運動搭配起來的話，也算是間歇運動。

接下來我們要介紹的是「高強度間歇訓練」（HIIT），是「間歇運動」的加強版。

持續燃燒脂肪——高強度間歇訓練

「高強度間歇訓練」（High Intensity Interval Training，HIIT）是指在較短的時間內，加快速度，或是增加力量做運動，然後再利用比較緩和的活動穿插其中所組成的運動。

它是利用「快、慢、快、慢」或是「動、停、動、停」的節奏，在進行「快」或是「動」的運動時，通常較為激烈；而進行「慢」、「停」的運動時，則溫和許多。

楊太太和鄰居在公園聊天，看到同棟的年輕人阿政，正繞著公園在跑，只見他一下子衝刺，跑得氣喘吁吁，跑了五分鐘後，再停下來走路，不到十分鐘，又開始衝刺起來。

楊太太見狀，忍不住道：「阿政，累了的話，就先來休息，一下子快、一下子慢，你在做什麼呢？」

阿政氣喘吁吁，微笑的道：「我在做HIIT啊！」

「什麼HIIT，你在給自己找麻煩吧？」

後燃效應

阿政當然不是自己給自己找麻煩，他在做HIIT，其實是有其目的。

研究發現，HIIT不只能夠提高粒線體的數量以及密度，甚至在結

束訓練後，身體還在產生效應。

當你在從事HIIT時，身體在燃燒脂肪，當運動結束之後，體內的脂肪還在繼續燃燒，這就是「後燃效應」（After-burn Effect）。對於想要減脂的人來說，HIIT是個很好的方式。

只是因為強度較高，所以在挑選運動時，還是得注意身體的負荷。

反饋作用

高強度間歇訓練的運動強度高，而且在執行這樣的運動時，其實身體呈現短期「無氧」的狀態。

這聽起來似乎頗嚇人，但是這種激烈的運動，通常只維持短短的時間。像阿政雖然一開始跑得很累，像是快要喘不過氣，但等開始慢下來跑步或是走路的時候，身體為了要將方才所欠的含氧量補足，反而會大量呼吸，這時會增加身體的含氧量。

挪威的科學與技術學院有氧運動研究小組的HIIT研究員和負責人尤里克・威斯洛夫（Ulrik Wisløff）就表示，在劇烈運動時，「心臟會來不及將足夠的血液輸送到每一條肌肉」，最後會導致「體內多數器官產生串聯的分子反應」，訓練成果反而更好。

身為運動員的阿政，正是利用這個方式，讓自己在平常時增加粒線體。

❶ 飛輪

小意報名參加飛輪課程，每週三、五晚上都會去報到，母親一開始還不知道那是什麼，等看到小意拍回來的照片，忍不住嘀咕：「不就是騎腳踏車嗎？你如果要騎的話，去買一輛回來不就得了，幹麼浪費那個錢？」

小意笑著說：「它跟腳踏車還是不一樣啦！」

飛輪看起來和腳踏車很像，差別在於飛輪的機器在踩的時候，具有阻力，也有經過設計。

飛輪附有心跳儀板，能夠在特定的階段達到要求的心跳數，鍛鍊出心肺功能和燃燒脂肪。

小意平常上班，下班之後去騎飛輪，在使用飛輪的時候，配合教練，在30秒內盡快的踩著踏板，然後再緩和下來，但並沒有暫停，約三分鐘後，再盡快踩踏板，也就是「30秒快－3分鐘慢，30秒快－3分鐘慢」，如此重複幾個回合，總計再30～40分鐘左右，搭配儀板監控調整。

做了一個多月下來，小意感覺自己的肺活量似乎變好了，打算跟同事約去唱歌呢！

❷ 跑步

阿政是運動員，平常就在做訓練，即使是在家裡，他也會做簡單的運動，好保持身體的活躍。

在明白HIIT之後，楊太太要求阿政也教她怎麼運動。阿政為楊太太設計了較為簡單的跑步版，要她盡快的衝刺約20秒，再緩和下來，走路或慢跑90秒，再繼續衝刺。

也就是「20～30秒快－60～90秒慢，20～30秒快－60～90秒慢」，這樣的節奏，進行30～40分鐘。可以在公園或體育場進行，也可以買跑步機在家裡進行。

楊太太照著阿政的話，將去公園散步的時間，改成跑步HIIT，笑聲也越來越宏亮了。

③ 波比跳

阿政平常在家的時候會做波比跳，讓他的弟弟自嘆不如，因為標準的波比跳具有很高的強度。

阿政的弟弟常常看到阿政先蹲下，將雙手放在地上，這時候，阿政的雙腳會迅速往後跳，手會撐住地板，做一個伏地挺身，再將腳往前跳，起身，這時候盡力跳高，如此，算是完成一個波比跳。

阿政採取的節奏是「5下快－5下慢，5下快－5下慢」的方式反覆進行10～15分鐘，其中5下慢的部分也可以改成原地踏步30秒。多做幾次，就可以達到燃脂。

即便如此，阿政的弟弟也不打算跟哥哥比，畢竟要達到這個境界，阿政可是為運動投入了很久的心力，他還是乖乖的做他的伏地挺身就好。

抵禦老化的HIIT

傳統的運動訓練也可以刺激粒線體，只是運動量必須很大，或持續很久。想要在短時間內，提高粒線體的數量和密度，在身體狀態允許

下，不妨利用HIIT更有效果。

而且HIIT對於延緩細胞老化，也會產生關鍵。

美國奧勒岡州立大學的Matthew Robinson教授，找了36名男生跟36名女生，利用年紀將他們分組，再從事一些訓練，結果在這群試驗者當中，發現「年長組」的粒線體增加到69%。

HIIT能為身體攝入大量的含氧能力，增加粒線體。那麼，想要抵禦老化，HIIT也是一途。

不宜天天進行

楊太太覺得高強度間歇訓練（HIIT）對於減肥很有幫助，就天天進行，結果上週她就因為疲勞過度，接下來的日子都不敢再碰。

阿政告訴她，HIIT雖然有效，也不鼓勵天天進行，因為過多的激烈訓練只會讓身體疲憊。

一般建議，運動過後的肌肉最好經過24小時以上的休息，再來進行下一次的訓練，一星期約3～4次可。

而且HIIT會有爆發性的動作，如果身體沒有做好準備，還是會受傷的，所以在執行之前，還是要做一些暖身運動，要不然就是從緩和的階段開始，再進行衝刺。

HIIT的益處

所有的粒線體都含有一些「酶」，能夠將碳水化合物、脂肪分解成燃料。因此，能增加粒線體的HIIT成為減肥者的新寵兒。

一群接受七個星期的高強度自行車衝刺的實驗者來說，他們骨骼肌的氧化酶大量增加，可見HIIT對增加氧化酶有很大的效果。

除此之外，HIIT還能夠降低血糖、血壓，提高靜脈血回流的能

力，並改善骨骼肌肉代謝的功能，還可以強化骨骼。

　　沒有運動是做兩、三天就可以達到自己想要的效果，但最重要的還是持之以恆，HIIT雖然不宜天天做，但還是要持續數週，甚至數月，才能發揮它最大的效果。

讓身體更具柔軟性——伸展運動

　　伸展運動的強度雖然不大，稱不上激烈，但可以讓身體變得更柔軟，也是不可或缺，甚至在運動前和運動後，也可以藉由伸展運動來舒緩身體。長期坐在電腦前的人，光做做伸展運動，便能夠避免身子僵硬。

　　美惠在工作之餘，就會做做伸展運動，雖然因為姿勢奇特，有時會被其他人笑，不過她不在意，說因為坐久了，全身很僵硬，透過伸展運動，關節才不會卡卡。

　　美惠的母親也是一樣，因為有心臟病，不適合做過強的運動，所以三不五時就利用伸展運動，以保持活力。

　　伸展運動比較溫和，在做有氧運動、無氧運動，或是HIIP之前，做做伸展運動，可以減少運動時受傷的機率，提升神經的協調性。

　　而運動過後的肌肉會比較緊繃，做做伸展運動，也可以恢復被拉長的肌肉纖維。

　　伸展運動可以藉助外力或是使用工具來進行，以下我們介紹幾種簡單的方式：

❶ 頸部後縮伸展

　　美惠平常在辦公室都是坐在椅子上，抽空的時候，她會坐好，挺胸、縮小腹，同時，將手抵著下巴，確認頸部在身體的正中線上，幾次

呼吸後，會將頸部向後收縮，停留3～5秒再放鬆還原，一天會做個好幾次。

美惠也會勸同事，說這個運動，對於他們長期看電腦，頸部、背部僵硬的人都有緩解效果，如果是頸部會不由自主前傾，姿勢不良的人來說，這個伸展運動對他們也有幫助。

在她的勸說下，有幾名同事也跟著加入了。

❷ 伸展背部肌肉

因為活動的地點幾乎都在辦公室，所以有時候美惠站起來之後，會在辦公室做點簡單的伸展運動。

美惠在中午的時候，有時會坐在椅子上，然後伸出雙手，抓住桌子，再將身子連同椅子往後推，儘量伸直雙手，感覺手臂的肌肉有被拉直，如此持續20秒。

美惠的同事覺得有趣，也跟著嘗試，發現這套運動可以改善雙臂與肩膀血液的流通，下午工作的時候，身子也不至於太過僵硬。辦公室的氣氛，因為美惠的帶動而更加熱鬧了。

❸ 提胸伸展

美惠不只研究坐著就可以執行的伸展運動，有時候站立的時候，她會將雙腳打開，雙腳的距離約肩膀的1.5倍寬，然後放鬆身子，再慢慢的吐氣。

這時候，美惠一邊伸直背部，再將身體的重心放低，高舉雙手，再逐漸將肩胛骨盡可能的夾緊，等到這個動作完成，再將身子慢慢的往下降。

在做這套伸展運動的時候，既可以坐，也可以站，站的時候還可以同時做深蹲呢！

幾個女同事甚至研究起來，說這套運動對她們的胸型頗有幫助，可維持胸型堅挺的狀態。

事實上，這套運動還可以減少駝背、圓肩的體態，並可以活動肩頸、降低疼痛呢！

❹ 立姿彎腰伸展

枯燥的辦公室生活，總是要找點樂趣，才不至於煩悶。最近幾個同事又追問美惠，想知道有沒有簡單一點的運動？

美惠站到牆壁邊，要大家跟著她一起做，只見美惠把雙腳打開，與肩同寬，手則自然下垂，再慢慢的彎腰，一直到背部感到有點緊繃，這樣的姿勢維持了20秒，再緩緩的站起來，如此重複，大伙跟著她

做15～20次，結束之後，才繼續下午的工作。

❺ 伸展腿後肌肉

坐在美惠身邊的小姿，捶著自己的小腿咕噥道，昨天出去玩走了很久的路，結果回來之後，小腿好不舒服。

美惠聽了之後，就叫她站起來，叫她用手扶著椅背或是牆面，單腳盡量向後跨開，再壓低身子。

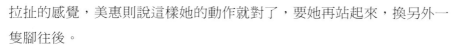

這時候，小姿說大腿好像有被拉扯的感覺，美惠則說這樣她的動作就對了，要她再站起來，換另外一隻腳往後。

美惠要小姿每隻腳在伸展的時候，都要執行15～20秒，並且多重複幾次。

漸漸的，小姿覺得腿部及阿基里斯腱都得到舒展，不舒服的感覺也消失了。於是在下午茶的時候，特別買了一杯奶茶感謝美惠。

十年功的預備——提早準備粒線體

當年老的時候，如果還想吃美食，先決條件就是要先顧好自己的牙齒。因為牙齒一旦搖落，就無法再長出來了。

如果不想戴眼鏡的話，平常就要跟書本、電視保持距離，少看3C，多看遠方，並且多吃富含花青素的食物。

雖然現在的醫學進步，牙齒搖了、鬆了，還有機會補救；更能透過

戴眼鏡，來看清事物，這些都不妨礙我們行走於這個世界，但，如果體內粒線體的衰減，影響出門的意願呢？

粒線體衰弱了，身體開始生病了，有一些疾病雖然不會馬上致命，卻影響我們的日常生活，像是膽固醇、高血壓、慢性疲勞等。

身體不太舒服，找醫生開藥就可以解決，對於粒線體的照料就不一定這麼費心了。

▶▶ 意願低落的粒線體

粒線體提供給我們能量，但如何讓它有意願，持續的為我們工作，值得思考。

失去意願的粒線體，即便它還在工作，它的速度也慢了，步伐也停下來了，原本一個可以生產三十二個分子的葡萄糖，質量直直落。這樣的粒線體反應到人體身上，雖然人不一定躺在病床上，但在活動的時候，可能失去了活力。

仍然有生產能力的粒線體，失去了活躍度，這就很像老闆因為發不出薪水，還要求員工持續做事，即便員工答應了，能耐、意願卻大不如前，粒線體的活躍度也降了下來。

這不僅影響到一個人的精神，間接影響到許多的生理機能，很多的慢性疾病是從這裡開始累積的。

這些不被重視的人體發電廠的員工，在各種因素的影響下，生產力也不斷低下，影響到的是細胞。

▶▶ 十年功的準備

在明白粒線體所需要的環境，我們可以重新檢視對於身體，要怎麼做才能讓粒線體更願意為身體付出？

而這一切，至少要十年功的準備。

粒線體不會一下就損害，身體的不適同樣不是一朝一夕所形成。疏於照料粒線體，身體的不適因而點點滴滴的累積。

這可能是精神不濟，或是不至於立即危及性命的慢性疾病，人們之所以感到疲乏，也都跟粒線體缺乏活躍的意願有關。

活躍的粒線體，跟意志消沉的粒線體，就如同火焰跟火苗，同樣都是能量，卻有程度上的差別。

至於要如何將粒線體的能量從火苗轉為火焰，就要提早做準備。

就像有些人知道自己家族有失智的遺傳，為了避免將來拖累子孫，提早注意自己的飲食，不斷的讀書、練習數獨、下棋等，就是為了保持腦部的靈活性，降低失智的風險。

這些作為也許無法完全更改失智的宿命，但至少能將它往後延，或是在發作的時候，症狀減輕到最低。

照料粒線體，並不是因此就能阻止各式各樣的疾病，而是在疾病來臨時，能夠維持完好的生活品質，甚至在人體還沒有生病時，積極的度過每一天，這才是粒線體所賦予我們的意義。

▶▶ 活化粒線體

為了晚年無虞，有理財規劃的人，在二、三十歲時，就已經開始在準備退休金。

同樣的，為了讓身體在年歲大了之後，不至於躺在床上，在青壯年的時候，就要提早做準備。

活化粒線體，是長期的事，我們不用特別將運動時間另外規劃出來，而是讓它融入日常生活當中即可。

當你餓了的時候，就會去吃飯；當你渴了的時候，就會去喝水；當你疲累的時候，除了躺在沙發休息，還可以有另外一個選擇，就是去運動，去散步，或是去伸展筋骨。

讓運動成為你的習慣，自然而然的融入生活當中，無時無刻，增加一些體適能。

一、兩週之後，粒線體增加了，但如果沒有持續，粒線體就消失了，所以運動要持續，免得影響粒線體的工作意願。

粒線體為人體提供能量，但人體也要提升它工作的意願。好好照料粒線體，就能讓粒線體在平常為我們提供滿滿的能量，並以飽滿的精神，好好的享受每一天吧！

30秒 讀懂粒線體

A. 運動不只能夠儲存健康骨本，更能提前為老年生活做準備。

B. 運動能夠增加肌肉的耐力。

C. 白色脂肪細胞和棕色脂肪細胞都能儲存脂肪，不過棕色脂肪細胞裡的產熱素能夠更有效的分解脂肪。

D. 不同的運動型態，時間長短、強度弱度，都會影響粒線體生成能量。

E. 想要蓄積、維持粒線體的數量和密度，需要長時間、不間斷的運動。

Chapter 9

吃飯皇帝大──談食療

吃好還是吃巧？談粒線體的營養

人們藉由攝取食物，吸收食物中的營養，進而轉化成能量，好讓身體維持健康，這中間經過了複雜的轉換，最後到達粒線體。

不過，進入身體的，真的是營養嗎？

美食當前，總讓人食指大動。像是炸雞、薯條、蛋糕等，而可樂、奶茶更不可少，加上聚餐時上館子吃到飽、大胃王比賽等，人們在吃這上面，絕對不會虧待自己。

像秀婷認為平常工作那麼辛苦，壓力又大，能夠撫慰心靈的就是吃了，一到週末，更是和男友去各地尋找美食，兩人一起幸福肥。

不過，秀婷忘了一件事，我們攝入體內的，跟粒線體所需要的營養，卻不太一樣。

加工食品太多，要不然就是高溫油炸的烹調方式，這類食物進到體內，久而久之，使粒線體逐漸損傷。

▶▶ 禍從口「入」

粒線體不像太陽能或是風力，能夠源源不絕地提供能量，如果不是

粒線體所需的營養，損傷的機會就大為提高。

就像平常工作已經夠忙了，老闆突然又交代新的工作下來，而且還連便當都不供給，體力上難免難以負荷。

對粒線體來說，氧化的機會大為提高，損傷的機率也會增加。若是受損，而修復機制無法復原，細胞就會將它直接拋棄。

禍從口「入」，正是錯誤的食物對於粒線體受損的寫照。

車子加錯油會受損，粒線體取得錯誤的營養亦是如此，想讓粒線體有效率的利用營養，就要先認識粒線體需要什麼。

▶▶ 粒線體所需的營養

人體內的發電廠從食物中攝取的營養，可以從下表來看：

基因調控	植化素槲皮素、維生素B群（B1、B2、B6、B12、葉酸、泛酸、菸鹼酸）
修復粒線體	維生素A、C、E
保護端粒	維生素D、K、鋅
協助粒線體運作	輔酶Q10、肉鹼、維生素、α-硫辛酸
活化端粒	不飽和脂肪酸
產生能量	牛磺酸

在上方的列表中，我們可以看到不同營養提供給粒線體不同的支援，事實上，還有許多的營養都對粒線體提供或直接、或間接的助益。

另外，要減少粒線體氧化的壓力，也可以適時的補充抗氧化劑的飲食。像是蔬菜、水果，都是天然的抗氧化劑，也有一些市售的抗氧化劑，在挑選時須多加注意。

除非醫師特別囑咐，要不然不用太過刻意強求，單方面的養分如果累積過多也會變成負擔。只要注意食材的烹調方式，均衡飲食，便可以獲得所需的營養。

諾貝爾醫學獎小故事

維生素C的發現者

—— 阿爾伯特・聖捷爾吉

提到維生素C，就不得不提到在1937年獲得諾貝爾醫學獎的阿爾伯特・聖捷爾吉（Szent-Györgyi Albert）。

聖捷爾吉受其伯父的影響，踏入了解剖學和醫學的領域，1930年，他在進行氧化還原系統時，分離出一種晶體化合物，這種晶體化合物就是維生素C，並且研究它和細胞營養的關聯。

聖捷爾吉不只發現了維生素C，他還發現了肌動蛋白，並創製了人工肌肉纖維，進行胸腺的研究等。另外，他還從電子生物學的角度，提出了致癌的理論，對癌症的治療給了個新方向。

SOS！前線粒線體的食補支援

我們的身體可以說無時無刻，都遭遇來自四面八方的「攻擊」，這個說法有些誇飾，但想想看，每個人早上一張開眼睛，就會動用到雙眼，不是看電腦，就是看手機；上班族為了應酬，可能會喝酒。如何延緩這些「攻擊」，就成了人們所關心的議題。

為了保持血液的暢通，有些人會吃魚油膠囊；為了保持腦袋的靈活，有些人會找跟銀杏有關的營養補充品，就是為了延緩這些「攻擊」。

徐先生就常常笑徐太太，說她吃這些保健食品吃得比飯還多，徐太

太也不客氣的反擊，認為徐先生平時不保健，身體可是會更快惡化。公說公有理，婆說婆有理，兩人時常為了這件事鬥嘴。

人體全身上下有一萬兆個粒線體，如果某個部位的粒線體已經受到損傷，或是想在受傷之前，就先行預防的話，我們可以針對局部器官的粒線體，來提供它所需的營養。

不過，必須強調的是，保健食品不是藥品，它有點類似保險的概念，將身體可能發生疾病的風險降低。在食用之前，最好先詢問過醫師，或是詳細閱讀說明書。

像徐太太除了攝取保健食品，對於三餐所選擇的食材、烹調方式也極為注意，平常更有運動的習慣。對於保健食品的挑選，也都是跟家庭醫師商討過後，才加以選擇購買。

我們在此章會提到些許保健食品，但強調的是它的原理與作用，日常營養的取得，建議還是以攝取天然的食物為主。

王醫師 Q&A

Q.為什麼五十歲之後，要改變飲食？

日本免疫學者藤田紘一郎認為，人體的引擎有兩種，一種是由碳水化合物變成糖的「糖解引擎」，另外一種是以氧氣為燃料的「粒線體引擎」。

藤田紘一郎認為人過五十歲之後，腸胃也在走下坡，如果仍像年輕時，大量攝取碳水化合物，會造成身體的負擔，他認為五十歲正是改變為對腸有益的飲食的重要時刻。

另外，用餐的氣氛也很重要，愉快的吃飯可以提高身體免疫力，也比較不容易變胖。好好的吃飯，對粒線體的保養也很重要。

▶▶ 靈魂之窗使用過度 —— 眼睛疲勞

以前勸人看電視、書本的時候，距離要遠一點，免得影響眼睛，現在的人長期使用手機、電腦等3C產品，對人體造成不同的影響，首當其衝的，就是我們的靈魂之窗了。

3C產品對於眼睛的傷害，已經有很多研究報告，像是乾眼症、眼壓過高、近視、黃斑病變等，嚴重者甚至失去視力。

小孟在工作的時候，突然感到眼睛一陣酸澀，忍不住用手揉著眼睛，同事見狀，熱心的說：「我這裡有眼藥水，你先用一下吧！」小孟接了過去，滴了幾滴眼藥水，覺得好一點之後，又繼續工作。

像小孟這樣的人不少，工作時得長期盯著電腦螢幕，很難放過眼睛，不只如此，就連老人也因為年紀大而視力退化，還有學生讀書用眼過度，每個階段的人都有眼睛疾病的困擾。

合成「視紫質」的山桑子

保護眼睛最好的方式還是走出戶外，多看看遠方的事物，讓眼睛能夠得到充分的休息。

如果不行的話，飲食似乎是最直接提供營養的方式了。

眼睛是我們的靈魂之窗，有很多的微血管，這些微血管輸送著氧氣與

山桑子（圖源：Freepik.com）

養分，讓眼睛產生作用。為了保護這兩扇窗戶，市面上很多護眼食品都不免提到山桑子。

山桑子之所以被人推崇，是因為它具有調節血管、保護眼睛的功

Chapter 9 吃飯皇帝大 —— 談食療

189

能，而裡頭的花青素，可以加速「視紫質」的合成。

視紫質是讓眼睛產生視力的基本物質，對於我們的視力占了很重要的角色。

不是只有3C產品才會對眼睛造成傷害，紫外線也會造成影響，山桑子在眼睛損傷的修復上，可以透過提高粒線體的功能而得到效果。

紫色食物的保健

不只山桑子，紅蘿蔔、葡萄等食物也都對眼睛有幫助，以紅蘿蔔來說，內含的類胡蘿蔔素可以轉成維生素A，有助我們在很暗的地方調節視力。

吃葡萄的時候，可別忘了它的籽跟皮，葡萄的籽跟皮含有花青素和多酚，具抗氧化的能力，減少自由基對血管的傷害，還可以增進眼睛周邊的細胞循環。如果覺得不易咀嚼的話，將葡萄打成果汁盡快喝完，也是有所助益的。

除了這些，紫洋蔥或紫高麗菜也都有同樣的成分。

保健食品或是食物的攝取，並不能取代真正的休息，不論你是在看手機還是電腦，都別忘了站起來走一走，看看其他的事物，除了讓眼睛緩解疲勞，也讓其他部位的粒線體活動一下。

▶▶ 人體幫浦出問題——心臟病變

遇到心儀的異性，每個人不免心頭小鹿亂撞，心跳變快，這並不是你的心臟有問題，會讓心臟有問題，通常都是其他原因。

心臟就像個幫浦，將血液輸送到全身，藉以維持身體的運作，可想而知，如果幫浦出了問題，人很快就倒下來了。

周伯伯出去散步的時候，突然按住胸口，覺得很不舒服，他本來想

說休息一下就好轉，兒子覺得不太對勁，趕緊將他送到醫院。醫生說如果再來晚一點的話，周伯伯就見不到明天的太陽了！

雖然說現在的醫療科技進步，但對於心臟的保養，還是要多多注意，一個家庭當中，不管是誰倒下了，都讓人難受。

參與能量製造的CoQ10

近幾年熱門討論的CoQ10，對於預防心臟方面的疾病，也有很大的幫助，它還可以改善跟心血管疾病有關的中風，還有心律不整、心肌發炎等。

CoQ10是一種脂溶性的抗氧化劑，它的機轉相當複雜，而且還涉及多種微量營養素，參與了能量的製造，CoQ10可以去除活性氧，避免細胞被活性氧侵害。

人體裡很多器官都有CoQ10，像是肝、肺、腎、脾、胰等含量都比較高，而最高的是心臟。

具有CoQ10的食物

如果不想藉由外來補充，也可以從食物攝取CoQ10，像是花椰菜、牛肉、鯖魚、胡桃、腰果、花生、豬肉、烏賊、黃豆粉、雞蛋等。烹調所使用的油脂中也有，像是橄欖油、椰子油、大豆油。

花椰菜

其實人體能夠自行合成CoQ10，也可以從食物中獲得。不過，隨著人的年齡逐漸增長，CoQ10反而逐年減少。

40歲之後，心臟的CoQ10會減少約三成！

所以人們開始研究製作出CoQ10的保健食品。不論是在心血管疾病或是美容方面，CoQ10都被視為很好的保健食品。

▶▶ 沉默的器官不再沉默──肝臟損害

肝臟沒有痛覺神經，就算不舒服，也不會知道，它默默地承受壓力，往往等到人們覺得不對勁時，肝功能已出現嚴重異常。

也因為它的抗議來得太晚，所以人們往往在平常不自覺間，給了它過多的壓力，像是喝酒、長期熬夜，都為肝臟帶來影響。

老莫很愛喝酒，不僅上班的時候偷喝，下班的時候還呼朋引伴來場酒局，妻子因為這樣氣得跟他離婚。對他來說，不喝酒的話，就像要了他的命，直到最後發現自己得了肝癌，才明白酒奪了他多少事物。

肝臟的損害不是一次就造成的，大多是不當的飲食習慣以及生活型態所累積的。

造成損傷的乙醛

像老莫這種嗜酒的人，酒喝多了傷肝，不喝又傷心，真是兩難。對於喝酒的人，還是建議淺酌即可。

酒進到肝臟，經代謝乙醇之後，又氧化成乙醛，而乙醛再氧化成醋酸。在這個過程，乙醛是高活性分子，長久下來，會造成肝臟細胞的損傷。

酒精還會造成脂肪肝、酒精性肝炎等。而乙醇在代謝過程中，會產生熱量，所以喝酒喝得凶的人都不太吃其他東西，身體更是缺乏營養。

在這種狀況下，肝臟很難不出現問題，最嚴重會導致酒精性肝硬化、甚至肝衰竭。

有些人會有點警覺，想要保肝，但一方面喝酒，一方面護肝，破壞的速度比建設的速度還大，對於肝臟的保健效益其實不大。

　　想要透過食物，或保健食品照顧肝臟，就要在肝臟還正常的狀況下進行。

分解「氨」的鳥胺酸

　　之前老莫的妻子，在他喝醉酒回家之後，會煮碗蛤蜊湯給他。蛤蜊裡頭含有鳥胺酸，能夠分解「氨」，排出多餘的氮。避免氨破壞粒線體。

　　鳥胺酸是種胺基酸，能夠幫助肝臟的代謝與解毒，如果提前知道要喝酒，先來一碗蛤蜊湯，對於預防宿醉很有效。

蛤蜊（圖源：Freepik.com）

　　鳥胺酸還能夠提升代謝，讓身體全面恢復活力。

　　老莫想起以前老婆都會在冰箱放蛤蜊，表示冷凍後的蛤蜊，鳥胺酸會增加8倍，可以幫助肝臟的運作。

　　除此之外，老莫的妻子還會多炒一點菇類的食物，只是會被他嫌棄。

　　每100g的蜆有10～15mg的鳥胺酸，而鴻喜菇有140mg，雪白菇有110mg。老莫的妻子當初料理的時候，都相當用心，只是老莫現在想要再嚐妻子的菜餚，也後悔莫及。

　　即便肝臟有再生能力，對於肝這個沉默的器官，即便它不出聲抗議，也要試著傾聽它的聲音。

▶▶ 二十五歲後日漸退化的「肌少症」

二十五歲以後，人的細胞就開始老化；三十歲之後，老化的速度更快。而一般人在過了七十歲，每過十年，肌肉就會退化15%。

楚芬身為人家的媳婦，平常婆婆的起居都是她在照顧，婆婆年紀大了，楚芬想要帶她出去走走，婆婆都說不要。楚芬很不能理解，她明明是一片好意，婆婆為什麼老是拒絕呢？

有些老人家走沒幾步，就說走不動，要不然就是沒辦法爬樓梯、爬山，如果不是其他病理性問題，肌肉開始衰老也是個問題。

這些老人家不是不願意跟家人一起活動，而是體力、腳力都較無法負荷，楚芬後來明白婆婆的狀況，也就能夠理解了。

增加骨骼肌的綠茶

肌少症是老年人很常見的一種退化症，是因為在老化過程中，粒線體逐漸缺失，而導致失去肌肉組織。

科學家發現肌少症的小老鼠，在獲得綠茶的萃取物之後，肌肉的質量還有四肢的握力都提高了。

綠茶當中，具有增加粒線體動態平衡機制的物質，能夠提高粒線體的品質控制，及延長粒線體壽命，如此，可以增加骨骼肌蛋白質的合成，進而能夠改善肌少症。

想有效預防肌少症，除了綠茶，還包括運動，以及營養均衡的飲食，另外，上了年紀的老人家，普遍在體能上與年輕人有落差，因此做健身運動時，也得量力而為。

歷史淵源的綠茶

綠茶的好處，已經透過科學得到證實，而在東方，綠茶很早就被視

為保健、養生的一種飲品──從神農氏開始，就已經開始懂得喝茶了。

綠茶

據說，當年神農氏中了毒之後，採到茶葉放入口中，頓時感覺全身舒坦，從此，茶葉就成為東方人飲食的一環。而陸羽的《茶經》更是被奉為經典，它不只是茶的專書，更翻譯成六國語言，茶也為世人所知。

一般認為在公元前三世紀，茶就已經非常盛行了，而其中綠茶加工最少，也保留最多原味及精華。

中國、日本、韓國都是主要喝綠茶的國家，在手搖飲料中，也有以綠茶製作而成的奶茶，不過，這自然和純綠茶無法相比，還是天然的最好。

綠茶裡頭的許多成分，不只能夠延緩肌少症，還有降血壓、降血脂及膽固醇等功效，能減少肝臟堆積膽固醇，所以在喝綠茶的時候，不只在保養肌肉，也保養肝臟，更有其他效果。

▶▶ 長久的凍齡戰爭──抗老

世上最持久的戰爭，就是「美麗」了。美麗在各地區都有不同的標準，但對於「年輕」都有所執著。

從歷史來看，可以看到為了青春而做出極端的事，像是有名的巴托里伯爵夫人[1]，為了追求自己的美麗，進行一連串殘忍的手段。

1　巴托里・伊莉莎白（Báthory Erzsébet）是匈牙利的伯爵夫人，也是歷史上殺人數量最多的女性連環殺手，被冠名為「血腥伯爵夫人」。據說她為了挽回青春美麗，殘忍虐殺少女與年輕女性，並用這些鮮血沐浴，或者喝掉。

男人對於美容一事，雖然沒有女人那麼積極，但從鏡子裡看到自己光澤而有彈性的肌膚，或是皺紋大為減少，心情也會大好。

通常我們稱讚一個人看起來年輕，不是他的歲數較少，而是他的皮膚狀態比同齡層佳，而且肌肉飽滿、具有水分。所謂「凍齡」，是指肌膚與氣色都處在絕佳的狀態。

富含多酚和白藜蘆醇的紅酒

這些狀態，不一定要由大筆的金錢堆砌起來，日常生活中即可攝取，像紅酒多酚就有很好的效果。

紅酒多酚存在於果實中的化合物，它具有強大的抗氧化能力。有研究表示，常喝葡萄酒的女人，看起來比較年輕。

科學家在紅酒當中，發現它的多酚化合物超過五十種，對粒線體的結構和功能都有直接影響，像是原花青素、兒茶素，還有白藜蘆醇等等。

而在紅葡萄酒中，最常見的生物活性成分之一的白藜蘆醇，在不同的實驗當中，都發現它有增強粒線體的作用，因此適量的飲一杯紅葡萄酒，也就攝取了白藜蘆醇。

具有極佳保溼特性，以及抗炎作用的白藜蘆醇，能夠減少皮膚形成黑色素、減緩老化，對於疾病的預防也有效果。

多樣化的多酚

對於不喝酒的人，能否獲得多酚和白藜蘆醇似乎是個困擾。其實富含白藜蘆醇的食物也很多，像是莓果、花生，還有葡萄。可以的話，將葡萄連皮帶籽榨成果汁來喝，更能夠攝取完整的營養。

含有許多成分的紅葡萄酒，白藜蘆醇不外乎是個大功臣，但其他的

多酚亦功不可沒。除了上述的多酚，還有巧克力、可可等，所以有巧克力多酚、可可多酚等。

葡萄

不過，巧克力和可可被做成食品的過程中，常常混合入過多的糖及添加物，所以在食用上，建議找%數較高的巧克力和可可為佳。

想要養顏美容，不妨來上一小杯的紅葡萄酒，跟三五好友，找一個時光放鬆心情，讓心靈也獲得舒展。

▶▶ 現代人的慢性病——高血壓

現代的人普遍生活物質充裕，在攝取過多的精緻飲食時，很可能也為自己帶來慢性病，高血壓正是目前我們所知的慢性病之一。

老皮沒什麼嗜好，最多就是在家裡跟朋友小酌一番，打打牙祭，他的口味向來偏重，不好吃的還嫌棄。老婆清楚他的個性，但想想這個老公也沒什麼太大的毛病，只是愛吃了點，在飲食上，也就特別迎合他的口味。

滷蹄膀、燉豬腳、梅干扣肉等，只要老皮愛吃的，老婆都做得出來，朋友們也都特愛到老皮家去吃飯，直誇老皮的老婆手藝好。

昨天朋友去老皮家吃飯，發現老皮家的飲食全都改變，大為訝異。追問之下，才知道老皮上個月突然送醫，被醫生診斷出有高血壓，吩咐一定要改善飲食，要不然就再也吃不到美食了。

刺激粒線體自噬的石榴

逐漸邁向老年的同時，高血壓成了人們關心的健康議題。

縱使高血壓有可能發生於任何年齡，但高血壓患者大部分還是超過四十歲，而且成因跟飲食有關。

不過高血壓不一定皆由飲食而來，與遺傳和環境都有關係。

石榴（圖源：Freepik.com）

對於預防高血壓，除了注意飲食習慣及多做運動，目前研究發現石榴具有抗高血壓的作用。

科學家發現石榴的提取物不僅可以降血壓，還可以減少心肌肥厚。這些石榴裡的物質，是通過減少腦部下視丘特定部位中的粒線體功能，來緩解高血壓。下視丘是調節內臟活動和內分泌的較高級神經中樞所在。

在研究中，石榴的提取物，還可以刺激粒線體自噬。

自噬作用簡單來說，就是藉由自噬，清除受損的細胞結構，就有點類似一間工廠裡，如果有台機器壞掉的話，就得把這台機器銷毀，要不然繼續利用那台機器所生產出來的貨物，也都是瑕疵品。

石榴不只抗高血壓，它還能夠提高新陳代謝、抗氧化，甚至防癌、保健都有一定的效果。在提升心血管的功能上，可以改善心血管的疾病。

抑制膽固醇的紅麴

而近幾年很紅的紅麴，對於避免高血壓也很有幫助。紅麴是一種天然的食品添加物，它的二次代謝產物（secondary metabolites）有助於人體，在《本草綱目》中也記載著它有活血的功效。

1979年，一位日本的教授發現紅麴的藥理作用，他發現紅麴菌素具

有抑制膽固醇的作用、避免高血壓，還能夠增進免疫力，強化肝臟的功能。

紅麴看起來是好物，但仍有需要注意的部分，它不能食用過量，或跟statin這類的降血脂藥物共同使用，否則本來是為了抑制膽固醇，結果反而會造成粒線體的損傷。

即使得了高血壓也不必心慌，配合醫生醫囑，均衡飲食及運動，如果想攝取保健食品則要慎選，依然可以有良好的生活品質。

天然A尚好——促進粒線體功能的食物

人類需要食物，粒線體也需要營養，人們吃下什麼，粒線體也就得到什麼。新鮮的食材保留較多營養，烹調的方式亦然。

只是，人難免有口腹之慾，上一頓若吃了過多氧化的食物，下一頓得記得補回來！

瑩瑩在料理的時候，時常跟母親有爭執，為了健康因素，母親常嫌她的料理淡而無味；而瑩瑩認為母親的烹調手法，會破壞食物原本的營養。

其實，美味和營養並不一定衝突，有些烹調方式，在吃出食物原味的同時，也能夠享受到美味。

後來瑩瑩去跟營養師學習，也上了烹飪課，並試著讓母親明白加工和原味的不同，現在的她，在料理上已經能夠跟母親取得平衡了。

底下我們介紹幾項比較常見，也很容易攝取的食材，讓我們在享受美食的時候，也可以照顧到粒線體。

▶▶ 青菜類

　　文清在追求智敏時，就知道她是吃素的，文清一直很為難，覺得吃菜就像在吃草，如果跟她約會的話，不是很為難自己嗎？直到見識到智敏的手藝，才知道青菜並不如他所想的那麼無味，好奇的他跟著智敏踏入了廚房天地，也開始動起手來。

地瓜葉

　　智敏平常會煮地瓜葉，它是一種很常見的綠葉蔬菜，裡頭含有葉酸，葉酸是水溶性維生素B9，可以提供染色體複製以及細胞分裂時的營養。

　　雖然地瓜葉的營養成分很高，不過，它的含鉀量也很高，智敏表示，她的父親腎功能不佳，所以在食用上要特別注意。

建議烹調方式　　地瓜葉

　　文清看到智敏在料理之前，會先將地瓜葉放到水龍頭底下清洗，再切菜下鍋熱炒，時間也不長；有時候，智敏還會先將地瓜葉燙熟之後再切段，這些做法，都是為了保留更多的營養素。

　　智敏在地瓜葉的料理上，變化很多，有時候會清炒，有時候也會直接燙過，加上拌醬食用，不過在調味料上，口味都不會太重。

洋蔥

　　在幫智敏切洋蔥的時候，文清不由得邊切邊流淚。洋蔥它之所以刺鼻，是因為含有二烯丙基二硫這種物質，如果能將洋蔥與豬肉一起烹煮，洋蔥裡含硫的有機化合物，可以促進豬肉裡維生素B1的吸收，調

細
胞
大
電
廠

粒
線
體
的
奧
祕

控基因。

紫色洋蔥比白色洋蔥含有更多的花青素，可以保護粒線體不受自由基的氧化，而裡頭的植化素槲皮素亦有助於基因調控。

建議烹調方式 ▶ 洋蔥

一般來說，智敏會將洋蔥跟青菜一起烹煮，而文清在家裡的時候，也會看到自己的媽媽將它跟肉類、海鮮一起烹煮。智敏還會將它做成涼拌，說這樣子可以保留較多的營養素。

青花菜

十字花科之王的青花菜，富含的營養素相當多元，因此很常出現在智敏自己帶的便當裡，為午餐增色不少。

青花菜擁有維生素A、B群、C，還有鈣、鈉、磷、鐵等礦物質，也含有抗氧化物，像是硫配醣體、類黃酮、β-胡蘿蔔素、槲皮素等。

這些抗氧化物不但可以保護心血管疾病，有防癌的效果，多種營養也對粒線體有益。

建議烹調方式 ▶ 青花菜

文清在拿到青花菜的時候，見裡頭居然跑出小蟲，讓他嚇了一跳。智敏一點都不緊張，她拿過青花菜，先將它放到水下，輕柔地旋轉以水沖洗，再將它切成小朵，挑出裡頭的蟲子。

為了保留較多的營養素，智敏都是蒸煮，或是利用微波爐，有時候也會做成沙拉食用。而文清的家裡，則是將它和其他的青菜，像是菇類，要不然就是肉類一起烹煮。

身為健身教練的盛中，跟不同的人出門，總是會挑選不同的肉類，無論是生理期造訪的女友，或是體力較差的友人建宏，盛中選擇的聚餐地點都有考量。

牛肉

盛中身為健身教練，不論在家自己料理，或是上館子的時候，常常點選牛肉。

他表示牛肉是很好的蛋白質來源，更具備人體所需的完整胺基酸組成，有很多的營養元素，像是鐵、鋅、Omega-3、肉鹼、還有CoQ10等營養素。而肉鹼可以促進脂肪酸進入粒線體進行氧化，CoQ10可以協助粒線體運作。

建議烹調方式 ▶ 牛肉

盛中在家時，也會針對牛肉的不同部位來料理。有時候添加肉絲，或是肉塊，並且搭配其他蔬菜，藉以獲得較完整的營養。

像是紅燒牛肉，他會放入紅蘿蔔及馬鈴薯一起燉煮，或是和其他青菜一起炒，變化十分多元。不管是紅燒牛肉、紅酒燉牛肉、牛肉麵都難不倒他。

豬肝

女友生理期來的時候，盛中會帶著她去吃豬肝麵。一般來說，豬肝給人的印象，是它的膽固醇含量偏高，不過，膽鹼也是儲存於這個部

位，如果因此而將豬肝拒於門外，十分可惜。

豬肝還富含豐富的蛋白質、維生素B群等，只要次數及數量不要太多，豬肝所提供的營養，還能夠協助基因調控及粒線體操作呢！

建議烹調方式 豬肝

盛中也會煮豬肝給女友吃，新鮮的豬肝只要清炒，加點薑、麻油、鹽巴，不需要煮太久，免得口感不佳，就是一道滿足的料理。

盛中表示，一個月吃個一、兩次豬肝就夠了。豬肝也被視為很好的補血料理呢！

羊肉

建宏的抵抗力很弱，體力較差，聚餐的時候，盛中都會帶他去吃羊肉。盛中表示，羊肉含有人體所無法生成的必須胺基酸，不過成羊的騷味較重，建宏不太喜歡，盛中倒是很愛，看個人喜好。

羊肉的左旋肉鹼是牛肉的三倍、豬肉的九倍。而羔羊的左旋肉鹼含量則比成羊高。

左旋肉鹼是一種類胺基酸，最主要的功能，是將脂肪送到粒線體，好進行能量代謝。

但是這個功能，只有體能不足的時候才有用，如果本來體能就不錯的人，就算吃再多的左旋肉鹼，也沒多少作用。

李時珍在《本草綱目》就記載：「羊肉能暖中補虛，補中益氣，開胃健身，益腎氣。」

張仲景的《金匱要略》就有一道當歸羊肉湯，將羊肉作為處方，開給病人。

建議烹調方式 羊肉

　　冬天的時候，建宏常常找盛中一起吃羊肉爐，他們會備好材料和湯頭，放入喜好的食材，加進羊肉，就可以圍爐了。羊肉片、羊肉絲亦可以和青菜一起入鍋。

▶▶ **海鮮類**

　　雅慧一家子都很喜歡吃海鮮，為了滿足家人的口腹之慾，雅慧有時候會直接到港口去買。像這天她起了大早，特別跑去跟熟識的小販買了蛤蜊跟鮭魚，準備晚上讓全家人吃個過癮。

蛤蜊

　　雅慧打算晚上煮蛤蜊湯。蛤蜊除了高蛋白，裡頭還含有很多的微量元素，像是維生素A、B1、B2等，亦含有胺基酸和牛磺酸。

　　蛤蜊高蛋白、低熱量，是很多人喜愛的食物，裡頭含的鳥胺酸能夠促進氨分解代謝，保護粒線體不受傷害。

建議烹調方式 蛤蜊

　　雅慧讓蛤蜊吐完沙後，煮鍋滾水，放入薑絲、米酒，再將蛤蜊放下去，沒多久，就有一道鮮美的蛤蜊湯上桌了。

　　有時候她也會先將薑絲、絲瓜下鍋，等絲瓜軟了之後，再加入蛤蜊一同拌炒。

鮭魚

　　小孩子大多喜歡吃鮭魚，這道菜色一個星期最少出現在雅慧家餐桌兩次。鮭魚除了蛋白質、維生素以及礦物質，還有肉鹼、Omega3多元不飽和脂肪酸，不僅可以活化粒線體的端粒，還可以修復粒線體，可以和其他的瘦肉交替吃，以得到不同且更加完整的營養。

建議烹調方式　鮭魚

　　為了保留鮭魚最多的營養素，雅慧通常會選擇蒸煮的方式，再加其他青菜一起搭配，便能兼顧美味及營養。

▶▶ 飲料類

　　曼曼的身材苗條、穠纖合度，偶爾也會跟著同事聚餐，不過並不見她身材變形，小真忍不住偷偷的觀察她，發現曼曼平常沒有像他們三不五時，經常來一杯手搖飲料，她時常喝白開水，不然就是無糖的飲料，難怪能保持好身材。

咖啡

　　曼曼在買咖啡時，幾乎都買黑咖啡。含有綠原酸的咖啡，讓人在減肥的時候，忍不住來上一杯。

　　綠原酸又名咖啡單寧酸，可以促進粒線體的機能，還可以燃燒脂肪，緩和細胞發炎的狀況，也是咖啡香味的因子之一。

　　綠原酸也存在其他許多食物中，包括蘋果、葡萄、番茄、藍莓等，不過咖啡內的含量是所有物質中最高的！

相較於愛喝手搖飲料的小真,曼曼點的綠茶是不加糖的,她認為綠茶本身就有香氣,不用糖來破壞味道。

綠茶裡面含有多酚,而茶葉的品質也會影響多酚含量。而筑波大學的研究,已指出烏龍茶中的多酚能夠促進粒線體的活化。不適合喝咖啡的人,不妨來上一杯。

▶▶ 水果類

天氣炎熱的時候,雅璇有時候吃不下飯,就會吃點水果。今天她上市場的時候,想起前陣子家裡寄來的紅酒,就忍不住買了一些葡萄,回去之後,晚上便吃著葡萄,搭配紅酒小酌一下。

紅葡萄

紅葡萄富含白藜蘆醇和花青素,這兩者營養都是粒線體所需要的。葡萄除了洗淨食用之外,還可以打成汁,利用紅葡萄所釀成的紅酒,也含有豐富的白藜蘆醇。

藍莓

除了葡萄,雅璇也很喜歡吃藍莓,超市特價時,她會多買兩盒回家。藍莓富含了白藜蘆醇這種強大的抗氧化劑,它也能夠擴張血管和減少血凝塊[2],是非常棒的抗氧化水果。

---

2 血液凝塊是指血液中紅血球聚合成塊狀物的現象,一般循環的血液不會發生凝固,但當血管受損時,血小板會前往修補,形成血凝塊,幫助傷口癒合和止血。當血凝塊完成使命之後,身體會將其自然分解。

▶▶ 堅果類

波波每次放學回家時，都嚷著肚子餓，疼愛孩子的奶奶，總會準備一點小點心給他。波波的媽媽原本很擔心婆婆會在飯前給波波亂吃東西，後來發現懂得養生的奶奶，給波波的點心也都很有節制，才放下心來。

花生

波波的奶奶三不五時會吃一點花生，如果波波過來時，她也給他幾顆解解饞。花生自古以來被稱為「長生果」，它的根部富有高量的白藜蘆醇，能夠抗氧化、防止血管粥狀硬化等。

芝麻

波波的奶奶有時候會做一些點心，像是在她常吃的堅果上，再灑上一把的芝麻，堅果中含微生素E，而芝麻又具有木質酚，兩者搭配在一起，能夠使基因上的接受器敏感度下降。

大部分的食物在下鍋之前，都會先倒點油，雖然不宜高油高鹽，但人體還是需要油脂的。不過油量要特別注意，而油品的好壞，也決定了食物的營養價值，別忘了，脂肪酸的種類也會改變粒線體呢！

不論是智敏或是盛中，他們在下廚的時候，也會特別注意油的種類及品質，像是富含n-3型不飽和脂肪酸的油，亞麻仁籽油、芥花油也都是很好的油。

其實，不管是什麼樣的油，都不要長時間高溫烹煮，油炸更是大敵，在食用的比例和次數上可以多費點心思。

粒線體所需的營養，都在我們常見的天然食物中，一般人只要多變化食材，儘量攝取多元化的營養，就可以滿足粒線體。

207

跟上潮流——促進粒線體的新興飲食型態

「吃」在這個時代，儼然成了一個議題。

在物質豐富的年代，多數的人們已經不用再擔心吃不飽，或是不夠營養的問題，進而開始懂得去追求食物的美味與藝術，食物成為一門味覺上的美學。

這固然是好事，同時也提升我們的生活品質，只是在享用食物的過程中，我們是否思考過，怎麼去對待我們的身體？

碰到好吃的食物，就拚命往嘴巴塞，肚子可能已經滿足了，但嘴巴卻還很空虛？

至於食物，反正只要好吃，那上頭增加了什麼，或是減少了什麼，都不是一般人所在意的。

食物的形態，逐漸在改變。

研究團隊已經發現，過多精緻的飲食，會對粒線體DNA造成損傷，嘴巴是滿足了，粒線體則不然。

所以在飲食上，我們是不是更該去思考食物對於我們的意義？究竟是為了延續生命，還是解饞而已？

送進嘴巴的每一口食物，其實都會反應在身體，脂肪就是很好的例子。脂肪不是不好，它是細胞存放能量的地方，但如果能量過多，又沒辦法消耗的話，就會造成肥胖，而肥胖所帶來的疾病，就不再贅述。

而其他加工、非天然的物質，進到體內後，又對我們帶來什麼影響？人們或許明白，卻不太願意去面對。

一口食物送到你的嘴巴，進入你的體內，你的身體會有什麼反應？你想要什麼樣的身體？而這樣的身體，是不是由你的飲食習慣所導致的？這些都值得我們去思考。

飲食之於人們，已經不是填飽肚子那麼簡單，它帶給人們什麼樣的生活，更是值得思索。

為了追求身體健康，人們延伸出幾種飲食狀態，接下來我們來看看粒線體與它的關聯：

▶▶ 減少醣類的生酮飲食

近幾年很夯的生酮飲食，在減肥上有很大的效用。許多人為了減重，選擇了這個方式。

不過，必須強調生酮飲食並非每個人都適用，在進行生酮飲食之前，還是得跟自己的醫師討論。

柯太太聽說生酮飲食可以減肥之後，也不分青紅皂白，就直接進行，長期停止碳水化合物的攝取，結果感到噁心、疲倦，皮膚狀況也變得很糟，甚至在某日半夜發生肌肉痙攣，柯先生緊急將她送到醫院。

在醫院的時候，醫生跟她說明，生酮飲食會產生酮體，肝功能如果不佳，以及患有心血管疾病、腎結石、骨質疏鬆、痛風症的人，如果貿然實施，反而遭受其害。

發育期中的青少年，還有孕婦等，也不宜實施，應以營養均衡為佳。

而且，碳水化合物雖然會讓人變胖，但不能只看醣類對身體所帶來的壞處，而忽略它的貢獻。

控制癲癇的生酮飲食

生酮飲食剛開始施行的時候，並不是讓人用來減肥的，而是用來治療兒童癲癇。

這個作法主要是減少醣類的攝取，提供足夠的蛋白質，利用減少

「酮」來控制，所以在飲食上，它會排除像是米食、麵、麵包，還有富含澱粉的蔬果。

在有效治療癲癇的藥物出現之後，生酮飲食就沒那麼讓人注意，倒是在減重減脂效果，使生酮飲食得以風行。它的特徵就是減少碳水化合物，讓酮體增加，成為能量的來源。

神經元疾病的幫助

現在有越來越多的文獻，也表示生酮飲食對於阿茲海默症、帕金森氏症，還有一些神經退行性的疾病有所幫助。

生酮飲食是透過活絡粒線體，減少自由基，保護mtDNA，免得受到氧化的損傷，對於神經元的疾病，有某種程度的幫助。

在明白生酮飲食的真正作用，以及它所帶來的影響，柯太太不禁後悔自己當初決定得太倉促。

▶▶ 讓身體休息的間斷式飲食

人類進食三餐，除了早、中、晚三餐，在餐與餐之間，有時候可能會再補充些額外的點心。甚至有種餓叫做「媽媽怕你餓」，這種餓在小元跟媽媽的身上就很常看到。

「小元來，多吃一點。」

「小元，這個再吃一下。」

「小元，我剛買的點心，你快拿去吃。」

在這種「幸福」環繞的狀況下，小元的體重節節上升，結果因為太「幸福」了，到最後，小元還被認定過胖，而被帶去醫院看減肥門診。

在以前物質缺乏的年代，有機會飽足是一件幸福的事，而在現在物質普遍過剩的情況下，這種狀況仍然持續。

身體是需要營養的，但在供給的同時，是否應該想想，是不是非得這樣吃個不停？

腦源性神經營養因子

2003年，一項由美國國家老化研究院的神經科學實驗室馬特森（Mark Mattson）主持的研究中顯示，他們利用小老鼠作實驗，讓一些小老鼠每隔一段時間進行「禁食」，而非完全不吃。

結果發現，這些定期禁食的小老鼠，血液中的胰島素和葡萄糖，含量都比較低，這也讓他們罹患糖尿病的風險大為降低。

1930年，美國康乃爾大學的營養學家麥克凱（Clive McCay），他發現從小受到嚴格節食的老鼠，比起那些沒有禁食的小老鼠，老的時候比較不容易得到疾病。馬特森表示，禁食的小老鼠腦源性神經營養因子（BDNF）也比較多。

腦源性神經營養因子過低的話，會產生疾病，而間斷式禁食可以促進細胞自噬（autophagy），可以將細胞當中已經受損的分子處理掉。

減少氧化的損傷

馬里蘭大學的遺傳學教授蒙特（Steve Mount）自己也嘗試禁食，他甚至表示：「間歇性禁食不是萬能，但是間歇性禁食與熱量限制，會活化細胞中相同的訊息傳遞途徑，這理論是很合理的。」

在禁食的時候，大腦會發生一些改變，不只增加產生蛋白質，還促進神經元的生長，增加神經細胞中粒線體的數量，相對的，神經元的能力也會跟著增加。

正常人偶爾實行個一、兩次，或是減少熱量的攝取，可以減少活性氧和自由基對粒線體的傷害，增加細胞對抗氧化的壓力。

而在正常人及肥胖的人當中，間歇性斷食已經被證明它能夠降低體重，改善健康。

透過實驗，可以發現跟年齡相關的疾病，像是糖尿病、心血管疾病等，還有神經系統疾病，如帕金森氏症、阿茲海默症等，都可以獲得改善。

下面我們介紹間歇性斷食，分為兩種：

❶ 全天斷食法

聽到康太太在實施斷食，旁邊的人都訝異了，一整天不吃東西的話，不是會餓嗎？

康太太解釋，她並不是長期斷食，她雖然一整天沒吃所謂的固體食物，但會喝點水，隔天恢復吃東西，她是採取二十四小時斷食，另外二十四小時進食，以這樣的模式做為循環。

而最嚴格的斷食是隔天也要斷食，但這種方式許多人會受不了，所以這部分的斷食有改良版，就是每週只斷食兩天，也就是在一週七天的日子裡，五天正常飲食，另外兩天則讓腸胃休息。

❷ 限時進食法

限時進食法，指的是每天只在幾小時內進食，就像小蔡早上醒來後，七點開始吃早餐，午餐也會吃，下午再吃點水果，但三點過後，他就停止進食。

週末的時候，他會睡得比較晚，早餐有時候是九點開始，而下午五點之後，就不再吃東西。

限時進食法，指的是每天只在幾小時內進食，像小蔡實施的16小時禁食法，時間看起來很長，事實上，這16小時還包含睡眠的時間，等於醒來之後，從第一頓開始的八小時內，都可以正常吃喝。

而在期間，所吃的、喝的，指的都是正常的飲食，像是蔬菜、水果、米飯、肉類、牛奶、雞蛋等，而非零食。

而在停止進食之後，如果不太能適應，或仍有飢餓感，就以液體，像是牛奶來緩解。

另外，有12小時的斷食，配合12小時的進食，亦有更嚴格的斷食形式，每天只吃一餐，相當於一天剩下的23小時都在斷食。

斷食不代表完全不能進食，而且斷食還得視個人的健康情況而定，基本上，喝水、牛奶、咖啡、茶，都被視為正常，如果連水都不補充，有可能會脫水。

▶▶ 啟動Sirtuin基因的斷食

Sirtuin基因是美國麻省理工學院的李奧納德‧葛倫特博士（Dr. Leonard Guarente）從酵母中發現的，我們的體內也有。

它可以提高基因損傷修復、延緩老化，但Sirtuin基因只有在空腹時才會啟動，否則都在休眠。它除了活化粒線體，還可以減少活性氧對身體的傷害。

人是需要營養的，不過，一直吃個不停，或是在身體不虞匱乏的狀況下，又給身體太多食物，是不是反成負擔？偶爾讓身體感到飢餓，不需要一直將胃填滿，還可藉機讓Sirtuin基因活絡一下。

不論是「禁食」或是「斷食」，適度進行對人體有益，過度則有害，恐會引起肌肉流失，心臟衰竭，嚴重者甚至導致死亡。

而另外一個考量，是當免疫能力下降之後，導致感染疾病，這也是最常見的長期不當禁食所引起的併發症。

而且，身體為了儲存能量，有時候會儲存過多的脂肪，同時也累積毒素，當脂肪減少的時候，這些毒素也會流到血液中，引起身體不舒

服。

　　另外，有人也會擔心，禁食過後，萬一突然大量進食，反而會對身子造成傷害，就像詩聖杜甫一樣，在長期飢餓的狀況下，突然攝取大量的食物，反而造成死亡[3]。

　　過與不及，都猶未逮，這些飲食觀只是讓我們思考：現有的飲食模式，是否真正適合我們，還得細細慎思，進而找出適合自己的飲食觀。

A. 我們攝入體內的營養，真的是粒線體所需要的嗎？

B. 我們可以針對身體局部器官的粒線體，來提供它所需的營養。

C. 食材多變化，營養多元化。

D. 我們的身體狀態是由飲食習慣所產生的。

3　詩聖杜甫的死因說法不一，一說他晚年流離失所，乘舟投靠親戚時，被大水困於河中數日未食。後來地方縣令得知後，解救了杜甫，並以牛肉和白酒款待，難得飽足一頓的杜甫因飢餓過久，腸胃難以承受，最終因消化不良撐死。

Chapter 10

中藥活化粒線體

看不到也摸不著——捉摸不定的「氣」

「氣」，是中醫提出的理論，中醫認為一個人如果氣足而飽滿，人則神采奕奕；反之則氣虛，人也萎靡不振。氣虛的話，並不一定是生了什麼病，但生了重病的人其精氣神必定虛。

像志昌前陣子不是出差，就是趕企劃，熬夜通宵連續三、四個月下來，每到週末，只會躺在床上呼呼大睡。

好友約他去打高爾夫，志昌打沒兩局，就覺得精疲力盡；且最近一旦感冒，比以前復原的時間更久。他覺得身體好像哪裡不對勁，但人並未生什麼大病，就是十分疲累。

好友說了一句話，點醒了他：「你最近怎麼了？感覺氣很虛耶！」他驚覺不對，還不到三十歲的他，怎麼就如此氣虛？因此開始尋求中醫找調理方法。

「氣」到底是什麼？

在中醫裡常聽到這個名詞，但它太過於飄渺、捉摸不定，在講求實證的科學年代，這套理論讓人困惑。

不過，科學家已經從粒線體找到了解答。

▶▶ 最基本的能源

在中醫當中，「氣」是人在活動的時候，最基本的能源。

長久以來，中醫對它深信不疑，而氣既然是人體的能源，粒線體又為人體提供能量，難道，古人在千年之前就已經發現了這個祕密？

在前面的章節，我們已經知道了粒線體最主要的功能，就是產生ATP，而人們的疾病和健康也與它有關。

粒線體的興亡強弱，也影響著細胞的狀態。

我們可以發現，能量並非一成不變，而粒線體也並非千篇一律，人的氣會因為外在、內在的因素而起伏，粒線體也會因內在和外在的條件而凋零、衰退。

如果中醫的理論和科學的觀點應證，我們是不是找到了答案？

▶▶ 補「氣」

中醫表示，可以透過運動、食物、藥物，來讓氣足而流通，對中醫來說，光有氣還是不夠的，氣還必須「平穩」、「和諧」，這和電子必須兩兩成雙的道理倒是頗為相通，甚至還帶到了「陰陽」之論。

而在中醫方面，中醫會以中藥來補氣。而透過科學驗證，發現中藥的確能夠改善粒線體。

透過粒線體，我們對於「氣」的了解更加具體，在照顧粒線體的同時，利用「補氣」的概念，讓這些人體的發電廠，就像員工聽到要加薪而精神振奮，賣力運作起來。

有病治病，沒病強身？你補對了嗎？

「氣」，看不到也摸不著，而它是否充足，或是有沒有達到平衡，卻成為身體是否健康的指標之一。

一個人即使沒有生病，也會影響氣的呈現。

像莎莎如果要出門的話，一定要化妝，她如果沒化妝，很容易被人家說氣色差。她非常羨慕跟她同單位的周大姊，即使不塗唇膏，人也看起來神采奕奕，氣色很好。

在知道莎莎的苦惱後，大姊說：「妳平常愛吃冰的，手腳又那麼冷，又有貧血，妳要補氣啦！」

不論是「補氣」，還是「益氣」，指的都是針對不同氣的狀況，進而改善。

中醫會利用不同藥物的特性，提升或降低它的狀態，讓身子達到「平衡」的狀態。

▶▶ 環狀腺核苷單磷酸

久坐的人就會「氣滯」，而生病的人會「氣虛」，還有「氣鬱」、「氣陷」、「氣逆」、「氣脫」等狀態。

關於「氣」的說明，已經有科學為它說明。

像是所謂的「陽虛」，指的是陽氣虛弱。有研究認為，當粒線體發生故障，ATP產量會減少，會讓環狀腺核苷單磷酸（cAMP）下降，在這種狀況下，人的四肢可能會不夠溫暖，或是胃寒怕冷等症狀，就是臨床上說的「外寒」，要少吃寒性食物，也可以泡泡腳。

而cAMP如果太多的話，可能會出現臉部泛紅，一直想要喝冰涼的飲料等症狀，這時候會發現粒線體功能亢進，導致「陰虛」，就不要再

吃辛辣，可以吃一些偏涼性的食物。

至於究竟是要「推動[1]」，還是「固攝[2]」，要怎麼調整氣的狀態，中醫會提出不同的方法。畢竟氣並非一成不變，也受氣候、溫度、心情有所影響。

▶▶ 日常保健中藥的取用

中醫利用長期的臨床經驗，設計了一些能夠平常能夠補氣，藥效也沒那麼強烈的處方，讓一般民眾在日常生活也可以做保健。

這些藥材在經過科學的分析後，被認定可以改善粒線體的生物能量。

必須強調的是，中藥畢竟還是藥，具有療效，因此並非所有的人都適合同個藥方。像是婦女常吃的四物，也並非適合每個女人，患有子宮肌瘤的人就一定不適合。

還有很多人也會利用黃耆來補氣，而黃耆在使用上雖可以預防感冒，但感冒的人在這個時候就不適合飲用。

益氣是門學問，在進補之前，最好先詢問過中醫師的意見。

不論討論的是氣還是粒線體，它們在我們的體內轉變，細膩而複雜，過程也很奧妙，古老的中醫理論，與現代討論的生物學，兩者能夠發現共通點，不禁讓人體悟「天人合一」的宇宙觀。

細胞大電廠
粒線體的奧祕

1　推動：中醫學上「氣」的功能之一。氣是身體重要的能量，推動各種功能，促進人體臟腑、經絡及組織的作用。

2　固攝：中醫學上「氣」的功能之一。固攝有統攝、控制及固定之意。氣的固攝作用為對身體物質及臟腑的鞏固，讓身體組織維持在正確及應有的位置。氣的推動與固攝是相互補足的。

中藥對抗失控的自由基——談老化

除了疾病，中醫的「保健」、「養生」都跟「氣」有關，即便人們毫無病痛，身體正常的狀態下，也有不同的呈現。

像是有的人已過四、五十歲，臉色紅潤、氣血充足，也有不過二、三十歲青壯年，卻已呈現老態、舉步蹣跚。若並非疾病的關係，後者的「氣」，在中醫上來說構不上完整。

邱伯伯在社區可以說是個紅人，他面色紅潤、聲若宏鐘，健步如飛，要不是滿頭銀髮，很難想像他已經九十多歲。另外一個鄰居郭伯伯，同樣九十多歲，卻連走都走不動。

「氣」也與老化有關。中醫在對抗老化一事，有其見解。除了運動，利用中藥對抗老化也是養生的關鍵。

▶▶ 對抗老化——清除自由基

簡單來說，老化就是蛋白質、脂質、或DNA遭到自由基的攻擊。

想要延緩老化，除了避免自由基的攻擊，在粒線體遭到攻擊之後，必須要有良好的癒合速度，也就是後援部隊的動作要夠快，讓粒線體迅速復原。

既然要對抗自由基，人的體內，就要有屬於自己的防衛戰隊，而人體中可以清除自由基的酵素有三：穀胱甘肽過氧化物酶GPx、過氧化氫酶CAT、超氧化物歧化酶SOD等。

其他比較常聽到的像是維生素C、維生素E這些來自外在的抗氧化物質，也都可以清除自由基，不過若能夠從體內自我產生抗氧化酵素，對於抗老一事將更為主動。

▶▶ 建立防護機制

老化雖然不是疾病，但它所帶來的影響，不只外表，更包括體能，所以利用中藥來防止老化，是相信東方醫學的人會選擇的方法。

不管是內服，還是外在，我們在攝取多方的營養以及尋找保護，就是為了減緩自由基對人體由內而外所帶來的傷害。

而在中藥當中，有多項足以活化、保護、修補粒線體的各種物質，讓身體建立更好的防護機制。

中藥與粒線體，這兩個完全不同時空背景的學問，逐漸的契合，在科學的驗證下，所謂的傳統文化和現代生物學，關係原來這麼近。

對症下藥的中藥材

中藥在疾病、養生上都有所助益，之所以為「藥」，是因為它裡頭所含的某些物質，對於特定的病症起了決定性的影響。除非身體有特殊狀況，否則中藥並非適合每種人。

而一般我們常見的疾病，也常常聽到中藥對它有不同的影響，這時已經不是「益氣」，而是「治療」。

像一些糖尿病的慢性病患者，還有心臟較為衰弱的人，醫生會針對其身體狀況開適合的中藥。

至於正常人，或是並非此類病症的患者，誤食或食用過多不適合的中藥，只會讓身子造成負擔。

目前，中藥在科學的介入下，已經證實這些草學、藥石學，承載著先人們的智慧。而其先固本再治標的觀念，也是深入人心。

西藥、中藥，雖然來自兩方不同世界，如何截長補短、融合藥理，使醫學進步，才是我們最關注的事。

Q. 中藥是什麼時候開始介入治療癌症？

　　治療癌症約有三個革命時期，第一次是在1940年後出現的細胞毒性化療藥物（cytotoxic chemoherapy），是利用殺死細胞的原理進行，但缺點就是這種方式藥物無法區分好細胞與壞細胞，在治療壞細胞的同時，也會一併殺死好細胞。第二次是2000年後所謂的標靶治療（Targeted Therapy），它可以選擇性的殺死癌細胞；第三次則是目前正在經歷的免疫療法。而中藥在治療癌症上，只能算是輔助，而中醫也會利用現在醫學的優勢，和西藥一同進行抗癌。

▶▶ 阻擋酒精的傷害—— 油甘

　　在中草藥當中，有許多橫跨食品、藥物的中草藥，像在印度傳統醫學系統當中，有種很重要的藥用植物，在中國也頗為盛行，甚至將它製作成蜜餞，成為人們的零嘴——油甘（餘甘子）。

油甘

　　油甘可以視為食品，它還可以當作抗氧化的食品，抗氧化酵素遠比蘋果還高。

　　西方諺語：「一天一蘋果，醫生遠離我。」然而，以抗氧化酵素相較的話，油甘勝出好幾倍。

　　超氧化物歧化酶SOD可以說是體內自我清除自由基酵素的佼佼者。而在油甘當中的SOD成分，更是蘋果的2萬4千倍。至於維生素C，油甘

也遠遠高於蘋果，而硒的含量更是蘋果的2182倍。

除了抗氧化酵素，油甘還提供了很多增加粒線體活性的生物活性成分，像是類黃酮、多酚、生物鹼等。

打擊乙醛的先鋒

在科學力量的介入下，越來越多的發現及數據，都證實油甘能夠提高粒線體的功能，不但可以增加粒線體的穩定性、提高它的能量，進而維持細胞正常，延緩老化。

油甘被聯合國衛生組織指定為在世界推廣的三大保健植物之一。除了預防感冒、保健身子，油甘還被證實具有提高幹細胞活力，具有修復肝臟的能力。

在人類不當的飲食習慣當中，「飲酒」是很重要的一環，酒精的代謝物乙醛對我們身體來說，是相當負面的物質，當太多的乙醛儲存在體內，身體又來不及代謝，肝臟就很容易受損。透過粒線體，會將乙醛代謝成乙酸，進而排出體外。而油甘也被證實具有提高肝臟細胞的粒線體功能，這也是為什麼油甘對於酒精代謝有這麼好的效果的原因了。

再者，酒精會促進過氧化物及一氧化氮自由基，進而使粒線體的電子傳遞受到抑制，而油甘可以改善因為酒精所造成粒線體損傷，也會讓一氧化氮自由基鎮靜下來。

不只肝臟，喝酒的人腦筋也會變差。

長期過量飲酒，大腦細胞會被氧化，細胞裡的蛋白質也會產生變化，造成腦細胞功能異常。針對酒精對大腦所造成的破壞，油甘也能夠協助或保護粒線體的功能。

除了阻擋酒精對肝臟、大腦的傷害，在我們的活動當中，它亦能提高肌肉裡的粒線體產能，提升能力，讓骨骼肌的細胞減少氧化，減緩粒

細胞大電廠

粒線體的奧祕

線體的結構鬆散，進而導致肌肉細胞的衰老或死亡。

　　油甘不只可食，它的果實還可以舒緩腹脹，避免消化不良，根部還有利於高血壓、淋巴結結核等病，它從根到莖、葉，甚至樹皮、樹葉，都具有療效。

　　油甘的營養價值很高，除了對肝臟的助益，在許多疾病當中的表現都相當突出，像是糖尿病、心臟病等，以及神經修復、免疫調控上，也都很有潛力。

　　另外，它也能提高肌肉裡的粒線體產能，提升能力，讓骨骼肌的細胞減少氧化。

　　油甘是傳統可見的食材，早期因為酸澀的味道，多當作蜜餞食用。在證明油甘的營養價值之後，近年來，油甘逐漸成為受歡迎的保健食材，在保健的名單上活躍起來。

　　一般人或許不了解其物質對於粒線體的重要性，但偶爾來上一顆油甘，還能夠抗氧化，預防疾病呢！

▶▶ 日常保健的佼佼者——黃耆

　　日常保健中，有時候人們會煮上一壺中藥茶，像是紅棗、枸杞，再搭配幾片黃耆，成為養生茶。

　　黃耆在保健的茶飲排行裡，也是前幾名的。

　　從這裡也可以看出為什麼黃耆這麼深受人民的喜愛，因為它「性微溫」，又能夠「補

紅棗與黃耆
（圖源：Jessie.yang）

氣」，所以對於一知半解的人，黃耆則成了萬靈丹。

黃耆的價格不貴，有些婦女會自行採購，再將黃耆搭配一些具有甜味的中藥材，熬煮之後，讓全家大小都可以飲用。

黃耆具有許多的功能，像是提高身體的免疫力、又能夠保肝、還能夠調控血壓、預防老化、抗菌等多種功能，在沒有特殊狀況下，還頗適合一家老小、男女老少，在人們的心目中穩居保健的地位呢！

然而，中藥畢竟還是藥，不同體質、不同狀況的人，都要衡量自己的狀況再飲用。例如徐太太聽說黃耆對預防感冒很有效，認為中藥向來溫和，就讓已經感冒的小孩子天天喝養生茶，結果小孩感冒得更嚴重，拖了兩個禮拜，重新去看醫生調理才痊癒。

補氣又補心的黃耆

在東方，人們很久之前就知道利用黃耆來保健，對中藥有所涉獵的人，對於「當歸補血、黃耆補氣」一詞，更是毫不遲疑。

現在發現黃耆具有多種營養及微量元素，而其中的黃耆多醣、黃耆皂苷，能夠調控身體的平衡。

在老化的過程中，粒線體占了很重要的一個關鍵，黃耆多醣能夠幫助受損的腦細胞和肝細胞恢復粒線體的穩定，讓它回到正常的機能。

對於糖尿病患者來說，黃耆多醣不但能夠改善血糖的代謝，調控膽固醇，還有調節淋巴系統等功能。

至於我們的心臟，黃耆皂苷及黃耆異黃酮能夠改善心肌的狀態。這兩者能夠增加心肌細胞的粒線體能量，加強功能，對於心肌的老化和受損有所改善。

另外，如果有心肌肥大的患者，給予他們黃耆的萃取物，就能夠有效降低心肌肥大的狀態。

黃耆不只能補氣，還能夠補心呢！

溫和入菜的藥材

黃耆在照料老人，或是小孩，還有心肌方面有問題的人，都有很大的幫助，而黃耆「利水消腫」的特性，也是婦女在養顏美容時，一個很好的選擇。

黃耆貴為百藥之長，不過它能夠和多種其他藥材一起熬煮，功能很多，卻又十分溫和，而且還可以入菜，所以像在魚湯、排骨湯，只要加上兩、三片黃耆，就可以增強氣血循環呢！

黃耆在市場上十分受歡迎，而市場上亦有所謂的「紅耆[3]」，外觀與黃耆頗為類似，不過藥理亦不相同，若非由醫生開處方，消費者在購買時需多加注意。

▶▶ 提高細胞使用氧氣量——紅景天

相傳康熙曾經率領八旗軍，來到了西北的高原，不少士兵都出現頭暈目眩、噁心想吐、手腳無力等症狀，在這樣的情況下，想要跟敵軍作戰，也只是徒勞無功。

紅景天（圖源：營養新知）

康熙看到這個狀況，無力可施、一籌莫展，這時候，有一些藏民獻上了紅景天藥酒，康熙便將它賞賜給下面的人，而飲過酒的士兵，這些不適的狀況都消失了！

3　紅耆和黃耆為不同科別的植物，甜味較高，口感佳而適合藥膳食療，但若為了治療疾病之用，仍建議以北耆為主。

康熙喜出望外，而紅景天的名聲也不脛而走，此後的皇帝都指名紅景天為進貢的禮品。

故事畢竟是故事，不妨從科學的角度來看待紅景天，就能夠明白紅景天在人們心中的價值。

降低氨的含量

不管是《神農本草經》或是《本草綱目》，都對紅景天有正面的肯定，透過現代的科學分析，紅景天裡的營養素，對於因為「缺氧」的人有很大的改善。

人體一旦缺氧，就會有許多副作用，紅景天不只能夠提升人體對於氧氣的使用，也能夠降低肌肉組織中所堆積的「氨」。

人體在運動過後，特別是劇烈運動，肌肉組織內常會堆積氨、乳酸，這正是身體感到疲勞的因素。雖說是正常現象，但過多的氨和乳酸會對身子造成影響，像酸中毒就會影響粒線體的運作。

紅景天能夠降低氨的含量，讓粒線體減輕負擔，還可以透過粒線體的「自噬機制」，進而改善受傷的肌肉。

除了肌肉，紅景天對於血管也有很大的幫助，當血管的內皮細胞遭到嚴重的氧化，細胞就有發炎的可能，而紅景天可以阻止這種情形發生。

紅景天的萃取物也能夠增加粒線體的表現，像是改善電位的不穩定性，還有增加粒線體數量。粒線體的數量和密度一旦增加，細胞也能有比較好的表現。

很多人在前往高山地帶之前，會先做準備，而紅景天就是其中一個選擇。

紅景天本就長於氧氣較為稀薄的地區，而它又有助於因為缺氧產生病症的人，難怪會被視為珍寶。

西藏高原的人長期以來以紅景天當作藥材，拿來強身健體，更是常常拿它來煮水或是泡酒，做為日常飲用。

除了康熙，據說乾隆也是因為經常服用紅景天，所以才享有高壽，這讓紅景天又添上一筆珍貴的記錄。

現在的紅景天，不再是帝王才可以享用，一般的民眾也可以食用。

紅景天所謂的神奇效果，竟然來自於提升粒線體的質量，還有幫助細胞對於氧氣的作用，在人們還不了解何謂「粒線體」之際，就已經在尋求增加它活力的方法了呢！

諾貝爾醫學獎小故事

2019年

缺氧誘導因子蛋白
—— 凱林、賽門札、拉特克利夫

人類如果沒有氧氣的話，在幾分鐘之內，就會感到不適，但是，細胞要如何知道呢？凱林（William Kaelin）、賽門札（Gregg Semenza）、拉特克利夫（Peter Tatcliffe）這三位在2019年獲得諾貝爾醫學獎的得主給了我們答案。

由HIF-1α與HIF-1β這兩個轉錄因子所組成的HIF（HIF, hypoxia-inducible factor），也就是缺氧誘導因子蛋白，其中，HIF-1α能夠感測到氧氣的濃度。

雖然第一個將HIF-1α從神祕面紗後面找出來的，是賽門札博士，但卻是三位博士共同發現裡頭的奧妙，所以三人同時獲得獎項。

▶▶ 中藥界的「藥王」——人參

中藥材裡，人參的地位就像是帝王，它被稱為「藥王」。以前不論君王，或是平民，以能得到人參為榮，人參之珍貴可以從它的功用上看到。

人參

在《本草綱目》中，人參有補充元氣、增進體力、促進氣血循環，還能夠改善脾肺胃、安神益智等作用。

「氣」被視為生命的能源，而補充能源，就成了首要，古代富豪或帝王之家更是將人參切片，三不五時含一片，當作補氣之來源。人參可以當作藥材，也可以燉湯入菜。

雖然人參是人體很好的能量來源，不過有些特殊狀況，像是孕婦，或是已經生病的人，要經過醫生診斷才能食用。

修補肝臟衰竭的人參皂苷

人參的外形頗似人類，在民間傳說中，人參還能化為人形，增添人們對於人參的想像力，而它的實際藥效也很精彩。

人參當中的人參皂苷和人參多醣，有很高的藥用價值。人參皂苷又稱三萜皂苷，是人參中的活性成分，分為：

A. 人參二醇系皂苷

B. 人參三醇系皂苷

C. 齊墩果酸

不管是哪一類，都對人體有不同的療效，不只癌症，就連糖尿病、

細胞大電廠

粒線體的奧祕

高血壓、心血管疾病都有作用。

而人參皂苷對於敗血症的貢獻，讓人側目。

敗血症是因為外來的細菌而引起全身炎症反應綜合症，容易造成死亡，研究發現，在人體剛出現敗血症的時候，人參皂苷可以增強肝藏的粒線體合成基因，提高粒線體含量，改善肝藏的細胞死亡，降低氧化的傷害。

也就是說，人參皂苷可以修補因為敗血症所引起的肝臟衰竭現象。

另外，對於調理身體機能、治療癌症，人參皂苷也有很大的功能呢！

改善肝臟的人參多醣

人參多醣可以改善骨骼肌中的粒線體，讓骨骼肌的細胞恢復正常，對抗腫瘤，對於肝藏也有很大的貢獻。

肝臟是個很重要的器官，它有很多功能，而它最重要的功能就是「代謝」，體內如果有毒素，需透過肝來化解，人體想要解毒就靠它。

肝臟內的粒線體密度也很高，而人參多醣可以幫助粒線體提高功能，還有能量生產，改善肝臟的組織損傷，並且有效緩解肝臟纖維化。

而人參多醣除了照顧肝臟，在對抗腫瘤、降血糖，還有調整免疫都有很大的功能。

改善皮膚的老化

而人們長久以來，一直關心的「老化」議題，人參也給了很好的回應。韓國對於人參有獨特的喜愛，在十八世紀的時候，就開始發展栽培高麗參。

2018年，韓國的研究團隊指出人參皂苷可以改善皮膚的老化，對於

像是膠原蛋白的分泌，具有良好的效果，因此在美容市場上，有不少的人參面膜或保養品流通。

其實人參有很多的營養成分，只是目前為人所重的人參皂苷和人參多醣較常被拿出來討論。其實人參裡頭還有很多胺基酸、維生素、礦物質等，都是人體所需的營養。

做為藥王的人參還有許多可以調理人體機能的作用，是不是能夠多加開發，應用到更多的地方，讓更多疾病可以一起受益，或許是未來在新藥的應用上，一個值得思索的方向。

▶▶ 保護血管的葛根

時常接觸中藥的女性，葛根可能不太陌生，因為葛根對女性來說，有很大的助益，像是豐胸、抗衰老，還有祛斑等。在古代，甚至還有「女性的守護神」一詞呢！

葛根（圖源：維基共享資源）

葛根具有12%的黃酮類物質，除了異黃酮，還有葛根素，都能夠平衡體內的雌激素，可以活化卵巢，在古代很常被女性視為保養品。

葛根不只養生美容，它還可以調控肥胖。

在實驗當中，發現連續服用葛根十六週的小老鼠，不論在脂肪肝，還是體重都有改善，它還可以防止骨骼肌萎縮，進而減少脂肪的堆積。這對女性來說，是很大的福音。

避免缺血再灌注的損傷

組織缺血時，會造成下游組織壞死，當再灌注、輸入血液時，將使

下游組織損傷更嚴重。

葛根最亮眼的功效，莫過於保護血管了。

葛根素（puerarin）擁有許多的功能，因為自由基而產生的動脈粥狀硬化，能夠幫助血管避免失去彈性，還有纖維化，減緩細胞的氧化，避免心血管疾病惡化，對於高血壓有很大的幫助。

而對於缺血再灌注的心臟所造成的損傷，葛根也有很好的保護效果。

不管是腦部，還是心臟，都有可能因為受到傷害而導致缺血，如果只有缺血還不至於讓細胞有這麼大的傷害，而是在缺血的時候，抗氧化酶的合成在這時候會出問題，等到血液再度回流，同時也帶來了自由基，這時候的傷害才是真正的傷害。

而葛根素能夠保護心肌，避免因為缺血再灌注的現象而造成衝擊，減緩傷害。

葛根對於酒精中毒，也有很大的幫助，當過量的酒精進到體內，產生的乙醛來不及代謝成乙酸，排出體外，就會對身子造成影響，葛根可以協助肝臟代謝酒精，避免過度累積減緩身子的傷害。

因此，葛根也是一種治療酒精中毒的藥物呢！

抑制 β-澱粉樣蛋白

近年來，葛根素已經被發現可以抑制 β-澱粉樣蛋白，而 β-澱粉樣蛋白會引起神經毒素。

透過實驗發現，葛根可以改善小老鼠的的學習記憶，改善神經。葛根已經被證實能夠防止神經細胞死亡，在保護神經方面，還能降低自由基及毒性，對於治療阿茲海默症，似乎頗有幫助。

只是，在治療阿茲海默症上，還需要有更多的數據及研究，方能正

式讓葛根成為治療阿茲海默症的藥物之一。

▶▶ 減緩阿茲海默症的黃精

在杜甫的一首詩裡有提到：「掃除白髮黃精在，君看他年冰雪容。」意思就是有了黃精，就可以防老抗衰、容貌如舊，這首詩可以說是黃精的代言呢！

黃精
（圖源：維基共享資源）

在中國，黃精和人參的地位其實是同等的。

從外觀來看，黃精看起來有點像是薑，不過味道可不一樣，黃精是重要的補藥，以色澤黃白、明亮而味甜者佳。

黃精藥、食兩用，也常與其他中藥搭配，在《本草綱目》就有將它和蒼朮、枸杞等來煮，可以「壯筋骨」、「消白髮」。而黃精熟吃的效果會比較好，可以拿來跟肉一起燉煮，或是煮粥。

黃精能夠被賜予人參的地位，正因它的藥理性也很強，像是它能夠抗疲勞、增強免疫、治療糖尿病、抗癌、保護肝臟等。

降低神經元細胞死亡

阿茲海默症之所以令人恐懼，在於它不只讓人忘了過去的記憶、周遭的親人，也會嚴重干擾日常生活；而一旦患病，狀況只會越來越惡化。

事實上，阿茲海默症被視為一種不正常的老化現象。

阿茲海默症有一大半的原因與遺傳有關，但其他的原因也有可能，像是頭部外傷、高血壓等。

如果把阿茲海默症視為一種疾病，我們會發現在大腦裡頭，有一種所謂的類澱粉蛋白質（amyloid）斑塊，這些斑塊如果不斷的堆積，會造成記憶喪失、語言障礙、情緒不穩，以及其他問題等，最後身體也會喪失機能，導致死亡。

黃精多醣被證實能夠降低因類澱粉蛋白質所造成的神經元細胞死亡，進而改善阿茲海默症，這對於人類來說，是一大福音。

改善心肌細胞的收縮能力

黃精多醣不只對大腦，對心臟也有很好的效果。

心肌如果損傷的話，會減少跟粒線體有關的蛋白質和酵素表現，如果給予黃精多醣，會有明顯的改善，心肌細胞的收縮能力會變得更強喔！

心臟和大腦都是人體的重要器官，如何降低它的功能衰退，防止老化，一直都是人們追求的目標，而黃精多醣能夠提供很好的幫助。

不是你死，就是我活——論粒線體與抗癌中藥

近年，中藥常常被應用於抗癌，2019年6月12日，有篇刊登於Evidence-Based Complementary and Alternative Medicine期刊中的論文，就是在探討中藥如何影響粒線體的功能，藉以治療癌症。

在這篇論文當中，介紹了幾種抗癌的機制，而一些常見的中藥就是透過粒線體，而對這些機制有影響。是故，在探討如何治療癌症，中藥也被科學界納入考量，並研究其中的成分，既然癌細胞無法再逆轉為正常的細胞，那麼，促使癌細胞的凋亡，就成了目標。

在論文當中，提到的抗癌機制如下：

▶▶ 凋亡蛋白酶

顧名思義，「凋亡蛋白酶」的主要作用，就是在調控細胞的凋亡，而想讓癌細胞消失，「凋亡」就成了很重要的一環。

不過，凋亡蛋白酶有好幾種，動了第一個，反而影響第二個。有些中藥能夠透過粒線體，只使其中一個凋亡蛋白酶活化，而不至於影響到其他蛋白酶，這樣的發現，讓科學家對於某些中藥的獨特性感到興趣。

▶▶ 細胞色素c

細胞色素c（Cytochrome c）或稱細胞色素複合體（Cytochrome complex）是一種血紅素蛋白。它和粒線體的內膜有輕微的連接，會間接活化Caspase 9，也就是凋亡蛋白酶，兩者皆與細胞凋亡有關。

▶▶ 活性氧

在生物的有氧代謝過程中，會產生副產物——活性氧，而活性氧對細胞來說，會造成細胞的傷害，不論是正常的細胞，或是癌細胞。

想要讓癌細胞的結構破壞，增加癌細胞中的活性氧化物質，也是方法之一。

▶▶ 粒線體的膜電位改變

面提到，粒線體的「膜」是產生能量的重要位置，想要破壞癌細胞的話，那就想辦法讓惡性細胞裡的粒線體內膜兩側的電位差消失，間接促進外膜脹破，讓惡性細胞死亡。

▶▶ 細胞自我吞噬

在第五章介紹細胞凋亡的時候，我們提到了吞噬屍體的巨噬細胞（Macrophage），透過「自噬」的機制，吞噬掉毀壞的細胞，才能讓正常的細胞進行功能，如果維持這部分的功能正常，就可以阻止惡性細胞的擴大。

▶▶ 鈣離子釋放

粒線體有很多功能，其中一項就是儲存鈣離子，除了「儲存」之外，還會「釋放」，當粒線體釋放鈣離子的時候，會活化蛋白、還有激素的分泌。相對的，在條件足夠時，鈣離子也能夠刺激細胞分泌細胞色素c，細胞色素c向來與細胞死亡有關，進而引發細胞凋亡。

▶▶ Bcl-2家族蛋白家族

細胞凋亡的過程中，有許多細節，就像一群執行任務的士兵，每個士兵都有其任務，而這些士兵的目標，就是讓細胞凋亡。

而在這群士兵當中，有一組Bcl-2家族蛋白家族，因為數量龐大，所以統稱為家族。

如同一個家族當中，吵吵鬧鬧，有人持正面意見，有人反對，Bcl-2家族可以促進細胞凋亡，也可以抑制凋亡，不論如何，它們和細胞凋亡是息息相關。

Bcl-2家族蛋白家族如下表，而有些中藥能夠促進或是抑制它們的作用，讓中藥成為抗癌的方向。

分類	蛋白質	功能
促進凋亡蛋白質	Bad、Bax、Bak、Bid、Bik、Bim、Blk、Bok、Bcl-Xs、Bcl-GL、Bcl-Gs、Bmf、Hrk、Noxa、MAP-1、PUMA	受到凋亡刺激時會轉移至粒線體，進而引起膜電位下降，細胞色素c從粒線體釋放，而使下游凋亡蛋白酶-9活化，接著活化凋亡蛋白酶-3，引發凋亡。
抑制凋亡蛋白質	Bcl-XL、Bcl-2、Bcl-w、Mcl-1	當細胞受到凋亡刺激時，可維持粒線體膜的完整性，避免細胞色素c釋放至細胞質。

表 10-1　Bcl-2 家族蛋白家族

▶▶ DNA裂解

當讓細胞走向凋亡的途徑到最後，會有一個現象，那就是粒線體裡的DNA會被分解。

粒線體一旦沒有了DNA，也就沒有了作用，而細胞失去了粒線體，影響其作用，最後，只能走向凋亡。

在這些機制當中，我們所知的中藥，例如人參，它除了能夠抗腫瘤，當中的人參皂苷Rg3、Rh2、F2就能夠以活性氧促進癌細胞的死亡。

薑黃能夠透過粒線體，使其中一組凋亡蛋白酶裡的凋亡蛋白酶9（caspase-9）活化，而不會去影響到這組其他的凋亡蛋白酶。

而薑裡頭的薑酚，會間接的造成粒線體中的細胞色素c釋放，進而促成細胞凋亡。

另外一些熟悉的中藥，例如：黑靈芝、玉竹等，其中的多醣體、黃酮類，也都對大腸癌、非小細胞肺癌（某種肺癌）有所助益。而食、藥兩用的薑黃，裡頭的薑黃素也被認為對前列腺、乳房等癌症有所助益，

而它們機轉的作用都落在粒線體上。

在抗癌的途徑上，中藥提供了一個方向。根據衛生福利部國民健康署公布，中藥被視為輔助與另類醫學。

不論在保健或是治療疾病上，中藥都會根據病人的情況，包括藥材的成分、劑量下去作調配、病人的年紀及狀況，不似西藥有標準化的流程，所以，即便明白中藥在抗癌方面有其貢獻，但還需要有更多的實驗與數據，來了解中藥是如何的影響對於細胞，並且準確執行。

30秒 讀懂粒線體

A. 中醫認為，「氣」是人在活動的時候，最基本的能源。氣會因為內在、外在的因素而有所變化。

B. 中醫會利用不同藥物的特性，進行客製化的調理，讓身子達到「平衡」、「和諧」的狀態。

C. 在中藥當中，有多項足以活化、保護、修補粒線體的各種物質，讓身體建立更好的防護機制。

D. 中藥裡頭所含的某些物質，對於特定的病症起了決定性的影響。

E. 中藥裡頭所含的某些物質，能夠透過粒線體影響體內的機制，進而治療癌症。

粒線體健康指數（BHI）這樣測

粒線體是人體的發電廠，透過能量是否變化，能夠檢測出粒線體目前的狀態。

當身體出現狀況時，相對的，粒線體的能量也會變化、消減，就像為什麼冷氣機吹起來的風不涼，或是過冷？正是因為冷氣機出了問題，才會反應在送出來的風量上。

見微知著，在明白粒線體的能量有所變化，並利用數值顯示，可以得到粒線體健康指數（Better-Mitochondria Health Index, BHI）。

數字會說話，利用數字，可以協助我們明白粒線體的狀態，如同天氣預報，在提前得知明天氣溫可能會低於十度後，那麼，隔天出門時，就會多穿一件大衣。

也就是這個「預防」的動作，透過數值，我們可以知道粒線體的情況，可以察覺到患者的生物能量的變化，不僅可以建立預警系統，對於疾病的監控也有所幫助。

像帕金森氏症、阿茲海默症、神經退化等疾病，如果能夠透過BHI早期發現能量異常，就可以早期治療。

即便沒有疾病，透過能量檢測，也有助於了解生物的健康。

細胞大電廠

粒線體的奧祕

粒線體的檢測

而粒線體檢測，就是提供了這樣一個方式，利用偵測細胞周圍環境的變化，評估能量的代謝。

粒線體在產生能量時，會消耗氧氣，那麼，只要偵測細胞周圍環境的氧氣消耗率（Oxygen Consumption Rate, OCR），就可偵測到能量的代謝，以達到我們的目的。

那麼，檢測粒線體周遭的能量，是怎麼計算？有六項指標：

▶▶ A. 基礎能量／基礎氧氣消耗率
（Basal Respiration, BR）

人一天活動的時候，吃進體內的熱量，也要達到基礎代謝，粒線體在消耗氧氣時，必須要有基礎的消耗率，才能維持粒線體的運作；達不到基礎消耗率的話，這個粒線體可能就有問題。

▶▶ B. 極限能量／最大氧氣消耗率
（Maximal Respiration, MR）

人們會挑戰極限，粒線體的最大氧氣消耗率也是如此。這個方式是為了能夠明白粒線體在高強度的壓力與環境之下，所能夠產生的最大的

能量，就像人在極地時，會爆發出潛能。

只是，沒有合適的方法檢測人在高壓的環境中，粒線體所能產生的能量，所以這種檢測通常只能夠在實驗室裡，利用化學物質，塑造出類似的環境來進行實驗。

▶▶ C. 預存能量／備用氧氣消耗率（Spare Respiratory Capacity, SC）

透過最大氧氣消耗率與基礎氧氣消耗率，就可以得知備用氧氣消耗率。也就是：

最大氧氣消耗率MR－基礎氧氣消耗率BR＝備用氧氣消耗率SC

氧氣是粒線體產生能量的來源，而備用氧氣消耗率保留度越高，表示體內粒線體更能面對不同的環境變化，生物體活下去的機會也較高。

▶▶ D. 自由基能量消耗／自由基造成的氧氣消耗率（Proton Leak）

自由基洩漏時，所產生的氧氣消耗，也可以拿來做探討，透過自由基造成的氧氣消耗率，可以檢查粒線體是否受損。讓粒線體遭到自由基攻擊的因素很多，在看到因為自由基所造成的氧氣消耗率，或許能讓人更為警惕。

▶▶ E. 能量生成／能量生成的氧氣消耗率（ATP Production）

粒線體在製造ATP時，也會有氧氣的消耗率，這項指標，能夠明白

粒線體是否能夠保持良好的狀態，穩定並且有效率的產生能量？當數值較高時，代表粒線體在一般狀態下較為活化，但不宜過高。

▶▶ F. 非粒線體能量消耗／非粒線體造成的氧氣消耗率 （Non Mitochondrial Oxygen Consumption）

粒線體會消耗氧氣，發炎的時候也會消耗氧氣，所以除了粒線體，還有其他的因素導致氧氣耗損，可能身體有了影響，像是發炎，或是其他的疾病。所以這項數值如果過高，就必須要注意了。

粒線體檢測 MitoScan

報告編號：　　　　　　　姓名：　　　　　　　收案日期：

檢驗項目	檢驗結果	參考值
基礎能量 Basal Respiration		200-600
自由基能量消耗 Proton Leak		<80
極限能量 Maximal Respiration		600-1200
預存能量 Spare Respiratory Capacity		>200
非粒線體能量消耗 Non Mitochondrial Oxygen Consumption		<160
能量生成 ATP Production		200-550
粒線體健康指數(BHI) Better-Mitochondria Health Index		**>1.8**

※異常數值以紅字標示

※檢驗項目＜參考值＞會依定期審查修正，或因設備變更予以調整

粒線體檢測報告範本

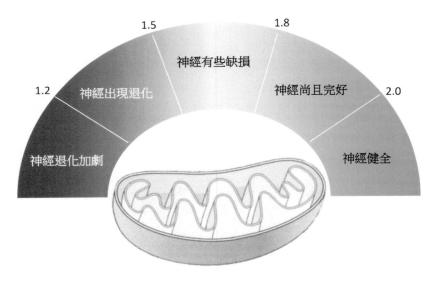

粒線體健康指數參考區間：
建議將此數值維持在 1.8 以上，若數值呈現下降的趨勢，代表您的健康狀況可能有
受損風險存在，請評估您目前的生活狀態，並注意保健。

血液檢體

　　我們的身體有許多不同的細胞，而每種細胞，它的粒線體和糖解作用都不一樣。如果把身體比擬成一個社區，即代表這個社區裡的每戶人家，都有自己的生活模式。

　　而在身體這麼大的「社區」裡，檢測粒線體最理想的檢體，莫過於白血球和血小板這兩戶人家了。

　　這是因為，在循環系統當中的細胞，它們跟全身性代謝，還有發炎壓力的反應都有接觸，所以透過白血球和血小板的粒線體檢測，較能明白其中能量變化。

　　提到血小板，它很常被做為生物能的感測器，在血小板裡，有由骨髓中釋放出來的特殊細胞碎片，而這些細胞碎片，讓血小板的粒線體無

可取代，具有其重要性。

　　因此，在對白血球還有血小板進行研究時，就要考慮到粒線體的功能在不同類型的細胞中的差異。

　　而會變化為巨噬細胞的單核細胞，以及活化時需要代謝作用的淋巴細胞，也都可供為粒線體檢測時的檢體。

附錄

Appendix

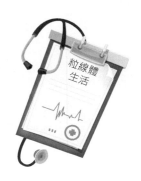

粒線體
生活

細
胞
大
電
廠

粒
線
體
的
奧
祕

粒線體生活處方箋

處方開立者　《粒線體的奧祕》編撰團隊

處方目標　避免粒線體受到傷害造成提早老化及形成各種慢性疾病。積極強化粒線體的品質及數量，從而使身體更健康、更有活力。

處方內容

一｜不濫用藥物

　　許多藥物會干擾粒線體發揮正常功能，甚至會殺死粒線體。要小心使用下列藥物包括：降脂藥、消炎止痛藥、麻醉藥、抗生素、化學治療藥物等。〔詳見本書第七章〕

二｜運動

　　可增加細胞代謝能力、增加粒線體密度、減少粒線體衰退，還可淘汰功能不健全的粒線體。

1. 將運動融入生活，不一定專程去健身房或公園。

2. 強度／頻率：

   (1) 中強度運動－150分鐘／週。

   (2) 劇烈運動－20分鐘、3次／週。

3. 種類：〔詳見本書第八章〕

   (1) 訓練核心肌群：棒式撐體、橋式、仰臥起坐、仰臥踩踏。

   (2) 有氧運動：健走、爬樓梯、跳繩。

   (3) 無氧運動：深蹲、伏地挺身、卷腹運動。

   (4) 高強度間歇訓練（HIIT）：飛輪、跑步、波比跳。（在起步階段，建議不宜天天進行）

   (5) 伸展運動：頸部後縮伸展、伸展背部肌肉、提胸伸展、立姿彎腰伸展、伸展腿後肌肉。

   (6) 活化棕色脂肪細胞：扭身伸手轉肩運動、屈膝扭腰運動、雙手托天運動。

4. 勞動不等於運動。

5. 運動型態應配合個人身心狀況。

6. 維持運動習慣，持之以恆。

三｜食療

攝取粒線體需要的營養。〔詳見本書第九章〕

1. 依粒線體所需營養給予適當飲食，不需過於強求。

2. 天然飲食為要，注意烹調方式，均衡飲食。

3. 適量補充對粒線體有幫助的營養素：Q10、鳥胺酸、多酚與白藜蘆醇等。

4. 促進粒線體功能的食物：
   (1) 青菜：地瓜葉、洋蔥、青花菜。
   (2) 肉類：牛肉、豬肝、羊肉。
   (3) 海鮮：蛤蜊、鮭魚。
   (4) 飲料：咖啡、烏龍茶。
   (5) 水果：紅葡萄、藍莓。
   (6) 堅果：花生、芝麻。

5. 生酮飲食：減肥、控制癲癇、有助神經元疾病（非所有人適用，進行前需與醫師討論）。

6. 間斷式飲食：促進細胞自噬，處理掉已受損細胞；啟動Sityuin基因，修復基因損傷，延緩老化。類型包括：全天斷食法、限時進食法。

四｜對粒線體有幫助的中草藥〔詳見本書第十章〕

1. 種類包括：油甘、黃耆、紅景天、人參、葛根、黃精等。

2. 每個人體質、狀況不同，不一定適用同種中藥材，須衡量再使用。

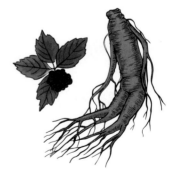

插圖取材自：Freepik.com

愛你的粒線體多一點

王醫師給力站　Youtube頻道

《粒線體的奧祕》編撰團隊　FB社團
對於本書有任何想法，請加入社團與大家一同交流！

醸生活36　PD0081

 探索生命能量的來源
細胞大電廠：粒線體的奧祕

作　　　者	王凱鏘、鄭漢中
責任編輯	姚芳慈
封面設計	王嵩賀

出版策劃	醸出版
製作發行	秀威資訊科技股份有限公司
	114 台北市內湖區瑞光路76巷65號1樓
	電話：+886-2-2796-3638　傳真：+886-2-2796-1377
	服務信箱：service@showwe.com.tw
	http://www.showwe.com.tw
郵政劃撥	19563868　戶名：秀威資訊科技股份有限公司
展售門市	國家書店【松江門市】
	104 台北市中山區松江路209號1樓
	電話：+886-2-2518-0207　傳真：+886-2-2518-0778
網路訂購	秀威網路書店：https://store.showwe.tw
	國家網路書店：https://www.govbooks.com.tw
法律顧問	毛國樑　律師
總 經 銷	聯合發行股份有限公司
	231新北市新店區寶橋路235巷6弄6號4F
	電話：+886-2-2917-8022　傳真：+886-2-2915-6275

出版日期	2021年11月　BOD一版
	2023年3月　BOD二版
定　　　價	420元

國家圖書館出版品預行編目

探索生命能量的來源 細胞大電廠：粒線體的奧
祕/王劍鑣, 鄭漢中合著. -- 一版. -- 臺北市 :
釀出版, 2021.11
　　面；　公分. -- (釀生活；36)
　BOD版
　ISBN　978-986-445-553-9(平裝)

　1.粒線體 2.健康法

364.23　　　　　　　　　　　　110017111